NATIONAL GEOGRAPHIC

W0271062

Themenheft
Ressource Wasser

Unsere erde

Herausgegeben von
Peter Fischer

mit Beiträgen von
Martina Flath
Peter Fischer

in Zusammenarbeit
mit der Verlagsredaktion

Cornelsen

Wasser und seine Nutzung erläutern

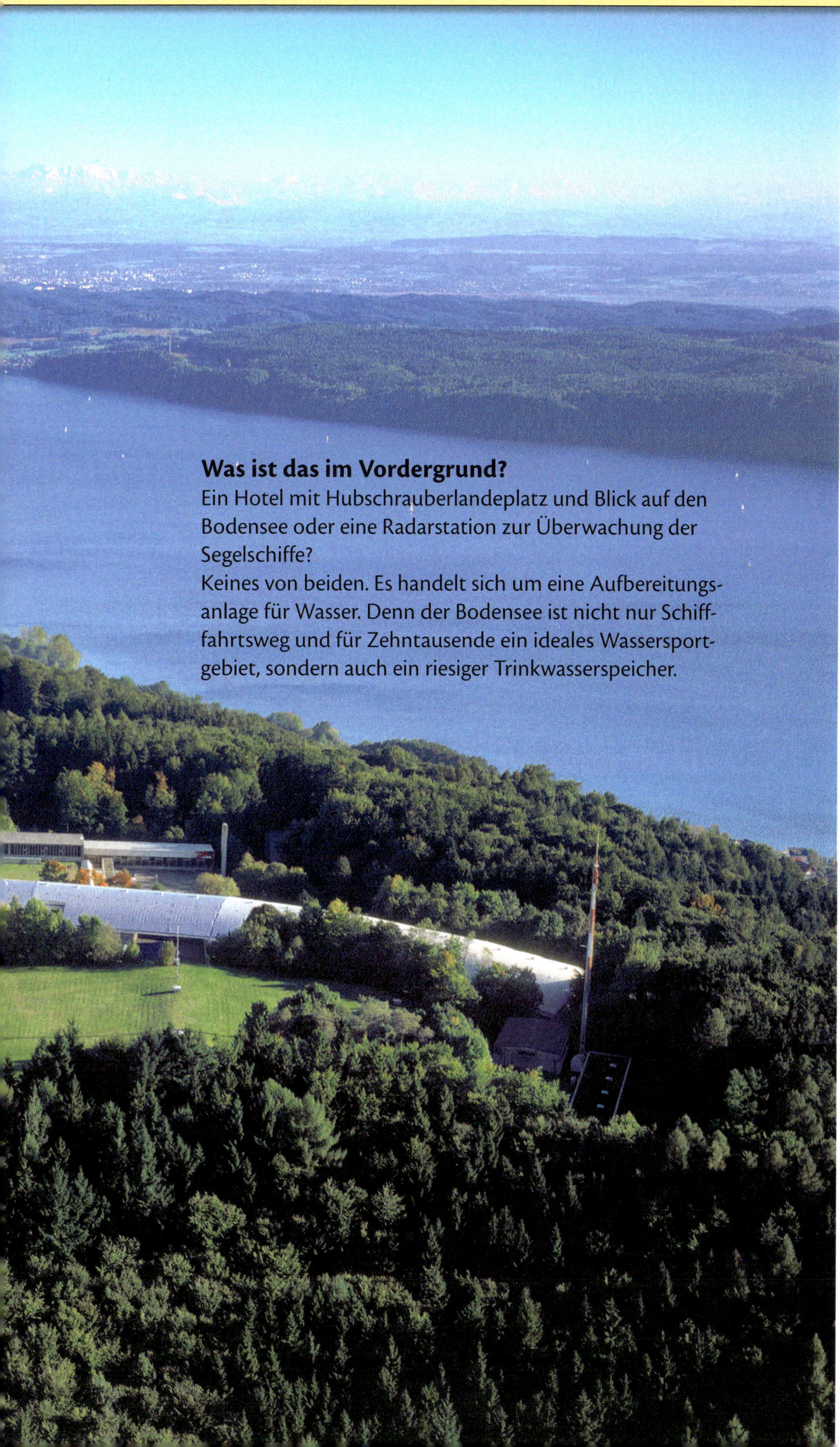

Was ist das im Vordergrund?

Ein Hotel mit Hubschrauberlandeplatz und Blick auf den Bodensee oder eine Radarstation zur Überwachung der Segelschiffe?
Keines von beiden. Es handelt sich um eine Aufbereitungsanlage für Wasser. Denn der Bodensee ist nicht nur Schifffahrtsweg und für Zehntausende ein ideales Wassersportgebiet, sondern auch ein riesiger Trinkwasserspeicher.

In diesem Kapitel lernst du
- Wassermangel und -überschussgebiete zu lokalisieren,
- den Wasserkreislauf und Wassernutzungen zu beschreiben,
- Niederschlags- und Wolkenarten kennen,
- die Bedeutung und Gefährdung von Trinkwasser zu erklären,
- die Trinkwassergewinnung und die Abwasserreinigung zu erläutern,
- die Bedeutung von Wasser in Trockenräumen zu erkennen,
- die Wassernutzung in einer Huerta und in Oasen zu beschreiben.

Dazu nutzt du
- thematische Karten,
- Bilder,
- Grafiken.

Du beurteilst
- die Verwendung von Wasser,
- Maßnahmen zum sparsamen Umgang mit Wasser.

Aufbereitungsanlagen der Bodensee-Wasserversorgung auf dem Sipplinger Berg

Wie Wolken und Niederschlag entstehen

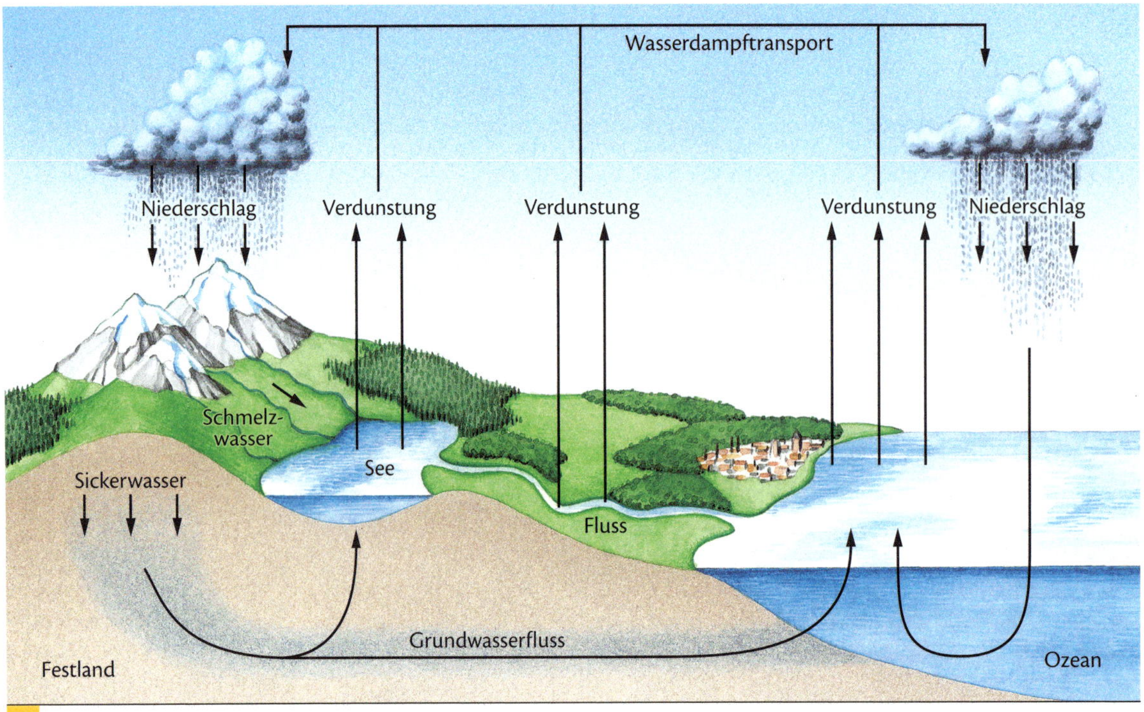

M 1 *Der Wasserkreislauf*

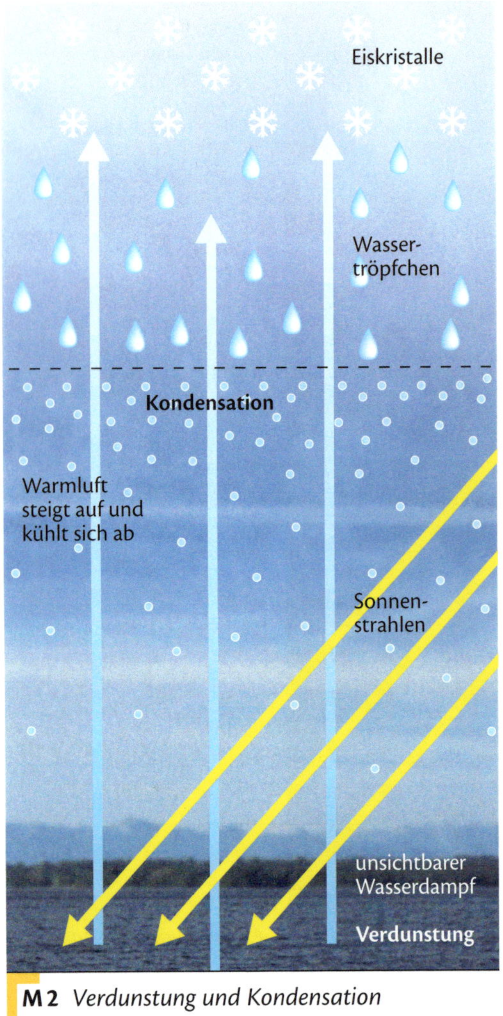

M 2 *Verdunstung und Kondensation*

check-it
- Begriffe Verdunstung und Kondensation kennen
- den Wasserkreislauf beschreiben
- Entstehung von Niederschlag erläutern
- Wolken- und Niederschlagsarten kennen und zuordnen
- Bilder auswerten

Verdunstung und Kondensation

Warum werden im Sommer nach dem Regen die Straßen schnell wieder trocken? Warum trocknet die Wandtafel nach dem Abwischen von ganz allein? Eigentlich ist es ganz einfach: Das Wasser verdunstet.

Was passiert bei der Verdunstung?

Wasser besteht aus kleinsten Wasserteilchen. In einem Kubikzentimeter Wasser, der ein Gramm wiegt, sind 330 000 000 000 000 000 000 000 Wasserteilchen enthalten. Diese sind immer in Bewegung. Je wärmer das Wasser durch die Strahlung der Sonne wird, umso schneller bewegen sich die Wasserteilchen. Besonders schnelle Wasserteilchen durchstoßen dann die Wasseroberfläche und werden von der Luft als unsichtbarer Wasserdampf aufgenommen. Diesen Vorgang bezeichnet man als **Verdunstung**.

Was ist das Gegenteil von Verdunstung? Wenn sich die Luft abkühlt, werden die Wasserteilchen langsamer, sie werden „abgebremst". Sobald die Wasserteilchen nun mit kleinsten Staub- und Schmutzteilchen zusammentreffen, können sie sich nicht mehr davon abstoßen. Aus vielen solchen Wasserteilchen bildet sich dann ein Wassertropfen. Dieser Vorgang heißt **Kondensation**.

Wolken und Niederschlag

Warme Luft und kalte Luft haben unterschiedliche Eigenschaften. Warme Luft ist leichter als kalte Luft. Deshalb steigt sie nach oben. Warme Luft kann aber auch mehr durch Verdunstung entstandenen Wasserdampf aufnehmen als kalte Luft. Wenn warme Luft aufsteigt, kühlt sie sich ab und es kommt zur Kondensation.

Aus unzähligen Wassertröpfchen, die in der Luft schweben, bildet sich der Niederschlag. **Niederschlag** kann in unterschiedlichen Formen auftreten: Die kleinen Wassertröpfchen bilden in

***Federwolken** haben eine weiße Farbe. Ihr Aussehen allerdings ist ganz unterschiedlich. Sie können als Flecken, fasrige Fäden oder Schäfchenwolken auftreten. Weil Federwolken nur in Höhen über sieben Kilometern am Himmel zu finden sind, bestehen sie aus Eiskristallen.*

***Schichtwolken** sind meist grau und eintönig wie das Wetter, das ihnen folgt. Sie bestehen aus Eis und Wasser. Oft sind Schichtwolken so dick, dass die Sonne oder der Mond nicht durchscheinen können. Sie sind in zwei bis sieben Kilometern Höhe am Himmel zu finden.*

*Weiße **Haufenwolken** sind höchstens zwei Kilometer von der Erde entfernt. Ihre Unterseite ist fast eben. An der Oberfläche der Wolke bilden sich blumenkohlartige Auswüchse aus vielen kleinen Wassertröpfchen. Sie sind Schönwetterwolken.*

***Regenwolken** breiten sich als mächtige dunkle Wolken am Himmel aus. Sie sind die wahren Riesen unter den Wolkenarten. Dauerregen, heftige Schauer oder Gewitter mit Wind sind die Folgen.*

M 3 *Wolkenarten*

M 4 *Niederschlagsformen*

der Luft Nebel oder Wolken. Große Wassertropfen fallen als Regen herab. Schnee besteht aus Eiskristallen, die in Luftschichten mit Temperaturen unter null Grad Celsius entstehen. Wenn Wasserdampf auf gefrorene Äste oder andere Gegenstände trifft, bildet sich Raureif.

Niederschläge werden in einem Regenmesser gesammelt und gemessen. Die Niederschlagsmenge wird in Millimeter angegeben.

1 Beschreibe den Kreislauf des Wassers und überprüfe dabei die Aussage: „Die Wassermenge im Wasserkreislauf bleibt stets gleich." (**M 1**)
2 Erläutere, wie Niederschlag und Wolken entstehen (**M 2**).
3 Benenne die abgebildeten Wolken, indem du die Texte zuordnest (**M 3**).
4 Fertige eine kleine Tabelle an, die die Begriffe „Niederschlag in fester Form" und „Niederschlag in flüssiger Form" enthält, und ordne die in **M 4** abgebildeten Niederschlagsformen diesen Begriffen zu.
5 Beobachte an drei aufeinanderfolgenden Tagen um 8 und 14 Uhr die Wolken am Himmel und notiere die Wolkenarten, die du siehst.

Wasserverteilung und Wassernutzung

M 1 *Gewinnung, Aufbereitung, Transport und Nutzung von Wasser*

check-it

- Gebiete mit Wasserüberschuss, ausreichenden Vorkommen und Wassermangel lokalisieren
- Wassermenge der Erde und Verhältnis von Salz- und Süßwasser vergleichen
- Formen der Wassernutzung benennen
- Bedeutung von Wasser als lebenswichtiges Gut erläutern

Wasserverteilung auf der Erde

Wasser ist einer der wichtigsten Rohstoffe auf der Erde. Ohne Wasser wäre kein Leben möglich. Der größte Teil der Erdoberfläche wird von Wasser bedeckt. Aber das meiste ist Salzwasser in den Ozeanen und ihren Nebenmeeren und für uns nicht genießbar. Auch das Süßwasser auf dem Festland und in der Luft können wir nicht nutzen, wenn es sich im Eis oder als Wasserdampf in der Luft befindet.

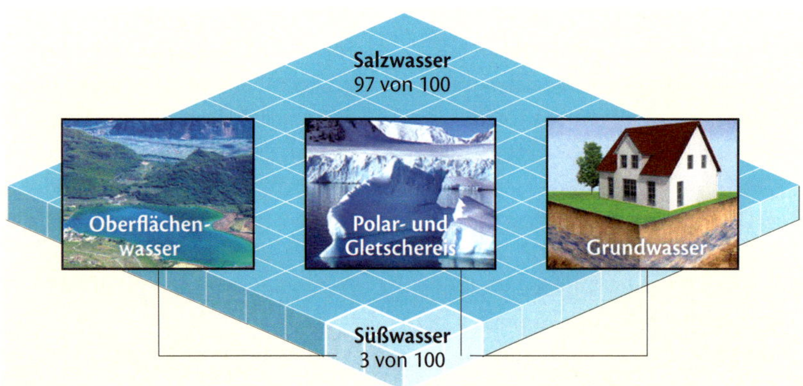

M 2 *Wassermengen auf der Erde*

Stellen wir uns eine volle Badewanne mit 150 Litern Wasser vor. Das soll der Gesamtmenge des Wassers auf der Erde entsprechen.

Das Süßwasser macht nur vier Liter aus. Das **Oberflächenwasser** ist nicht mehr, als in die Verschlusskappe eines Duschgels passt. Selbst das **Grundwasser** können wir nur teilweise nutzen, denn über die Hälfte davon liegt tiefer als 800 Meter unter der Erdoberfläche.

Das Wasser ist ungleichmäßig über die Erde verteilt. Es kommt als Regen oder Schnee, manchmal auch als Nebel oder Hagel auf die Erde. Diese Niederschläge werden von Winden ungleichmäßig verteilt. Wie hoch die Niederschläge sind, hängt von der Lage eines Gebietes zum Meer, von der Höhe und von der Breitenlage ab. So entstehen regenreiche und regenarme Gebiete. Am Äquator zum Beispiel fällt sehr viel Niederschlag, sodass es dort die wasserreichsten Flüsse der Erde gibt. Das meiste Wasser regnet sich über dem Meer ab.

Wassernutzung

In Deutschland verbraucht jeder Mensch im Haushalt durchschnittlich 124 Liter Trinkwasser am Tag, in den USA sind es 290 Liter. In afrikanischen Trockengebieten müssen die Menschen mit 20 Litern am Tag auskommen und dafür oft noch täglich aus kilometerweit entfernten Brunnen das Wasser holen. Über eine Milliarde Menschen haben heute immer noch keinen ausreichenden Zugang zu Trinkwasser.
Je stärker ein Land wirtschaftlich entwickelt ist, desto höher ist sein Wasserverbrauch. Das meiste Wasser wird in der Industrie und in der Landwirtschaft verbraucht. So werden zum Beispiel für die Produktion eines Pkw 10 000 bis 20 000 Liter Wasser benötigt, für 1 kg Rindfleisch bis zu 16 000 Liter.
Da die Zahl der Menschen weiter zunimmt, müssen auch mehr Nahrungsmittel erzeugt werden. Das ist nur möglich, wenn die Bewässerung der Felder weiter ausgeweitet wird. Aber die Niederschläge lassen sich nicht einfach erhöhen. Deshalb werden die Grundwasserreserven angezapft. Sie sind die wichtigste Trinkwasserquelle der Menschen.

1 Beschreibe die geographische Lage von Gebieten mit
- Wasserüberschuss,
- ausreichendem Wasser,
- gelegentlichem Mangel,
- ständigem Mangel (Ausklappkarte).

2 Vergleiche die Wassermengen auf der Erde (**M 2**).

3 Erläutere den Weg des Wassers von der Gewinnung bis zur Nutzung (**M 1**).

4 Benenne die Arten der Wassernutzung (**M 3**). Verwende die Begriffe Abfallträger, Bewässerung, Brauchwasser, Energiequelle, Erholung, Fischerei, Heilmittel, Schifffahrt, Sport, Trinkwasser.

5 Erläutere die Behauptung „Wasser ist ein lebenswichtiges Gut." (**M 3**, Ausklappkarte).

M 3 *Arten der Wassernutzung*

Trinkwasser – knapp und kostbar

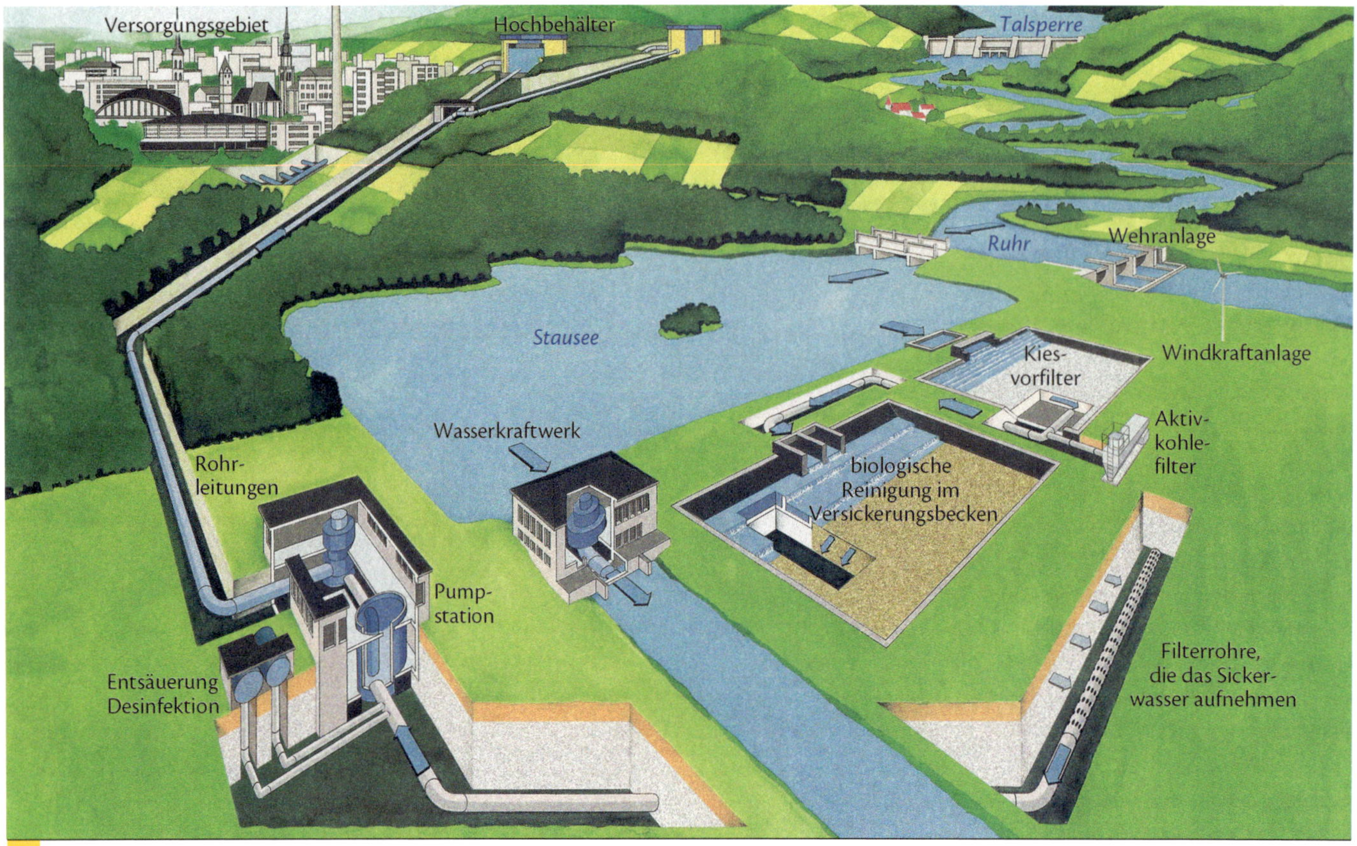

M 1 *Wassergewinnung im Ruhrtal*

check-it
- Talsperren und Konfliktgebiete räumlich einordnen
- Knappheit des Rohstoffes Wasser erklären
- Arten der Trinkwassergewinnung beschreiben
- Gefährdung von Trinkwasser erläutern

M 2 *Die Möhnetalsperre*

Trinkwassergewinnung

Trinkwasser soll kühl, appetitlich, klar, farblos, geruchlos und frei von Krankheitserregern sein. In Deutschland stammt ein Drittel des Trinkwassers aus Seen, Flüssen, Quellen und Talsperren. Zwei Drittel kommen aus dem Grundwasser.

In Großstädten reicht das Grundwasser oft nicht aus. Es muss mit Flusswasser angereichert werden. Zuerst läuft das Wasser aus Seen, Flüssen, Quellen und Talsperren sowie das an die Erdoberfläche geförderte Grundwasser über Rohrleitungen ins Wasserwerk.

Im Ruhrgebiet werden für die Deckung des Wasserbedarfs auch die Talsperren im Sauerland genutzt.

Die Wasserwerker bezeichnen das herbeigeleitete Wasser als Rohwasser. Es muss erst zu Trinkwasser aufbereitet werden.

Weltweit steigen die Kosten für die Wasseraufbereitung. Besonders das Oberflächenwasser ist durch Schadstoffe belastet. Dann müssen spezielle Filter das Trinkwasser von Krankheitserregern sowie unerwünschten Geschmacks- und Geruchsstoffen befreien. Vielen Menschen ist immer noch nicht klar, dass Wasser in einigen Gebieten der Erde bereits ein knapper **Rohstoff** ist.

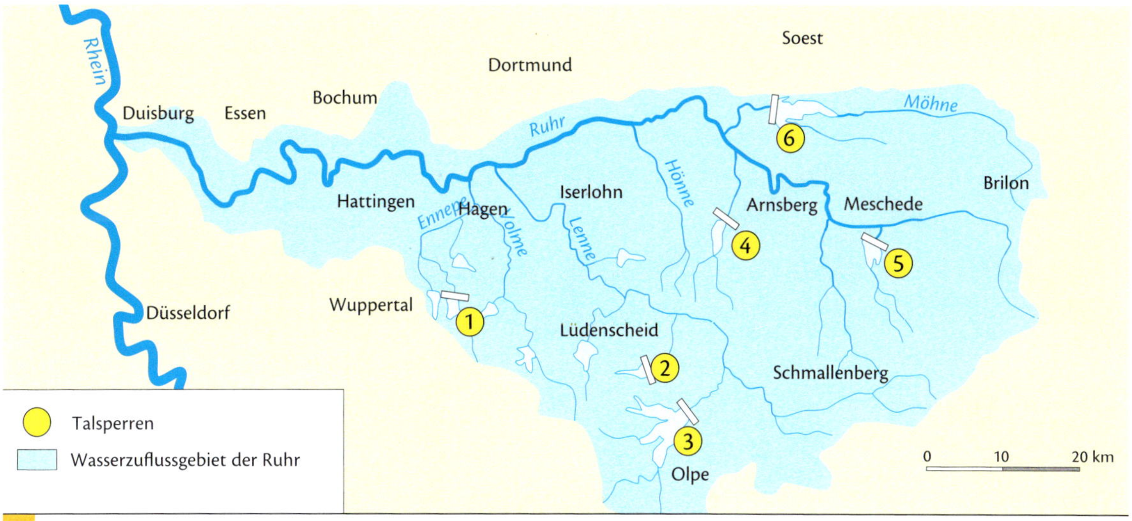

M 3 *Talsperren und Wasserzufuhrgebiet der Ruhr*

Meerwasserentsalzung

Anlagen, die das Salzwasser in Süßwasser umwandeln, verbrauchen viel Energie. Sie sind sehr teuer und werden deshalb hauptsächlich von den reichen Ölstaaten am Persischen Golf betrieben. Meerwasserentsalzungsanlagen allein können aber den Wassermangel in den Trockengebieten nicht beheben.

Konflikte um Wasser?

Wassermangel hat verschiedene Ursachen. In den Trockenräumen der Erde gibt es zu wenig Niederschläge. Dürrezeiten häufen sich. Immer mehr Menschen auf der Erde verbrauchen immer mehr Wasser. Da Wasser knapp ist, entstehen Streitigkeiten zwischen einzelnen Personengruppen und sogar zwischen Staaten. So streiten sich zum Beispiel Ägypten, Äthiopien und der Sudan um die Nutzung des Nilwassers. Ähnlich ist es beim Jordan, wo Israel, Jordanien, Syrien und Palästina dem Fluss Trinkwasser und Bewässerungswasser entziehen. Der Irak und Syrien sind gegen die Staudammprojekte an Euphrat und Tigris in der Türkei. Ihnen würde dadurch Trinkwasser und Wasser für die Bewässerung ihrer Felder fehlen.

1 Erkläre, warum Trinkwasser ein knapper Rohstoff ist (Ausklappkarte).
2 Beschreibe am Beispiel des Ruhrtals, wie in Deutschland Trinkwasser gewonnen wird (**M 1, M 2**).
3 Bezeichne die Namen der Talsperren (**M 3**, Atlas).
4 Erläutere, wodurch Gewässer verunreinigt werden (**M 4**).
5 Lokalisiere die im Text genannten Wasserkonfliktgebiete (Ausklappkarte).

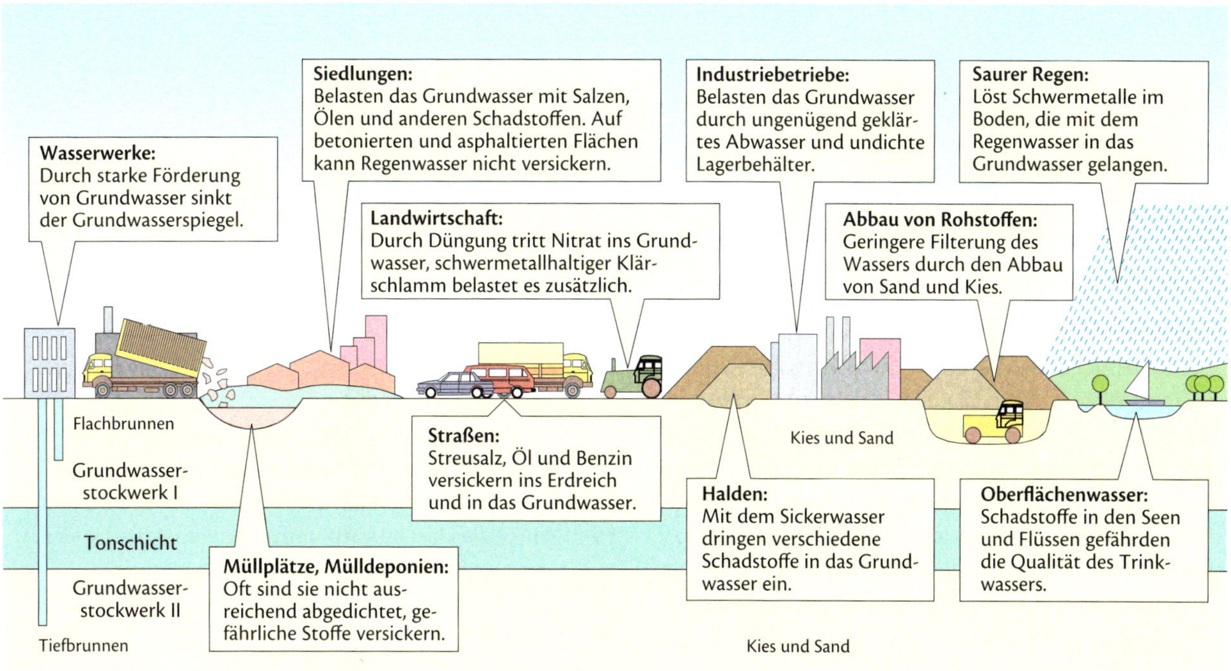

M 4 *Gefahren für das Trinkwasser*

Wasser ist kostbar

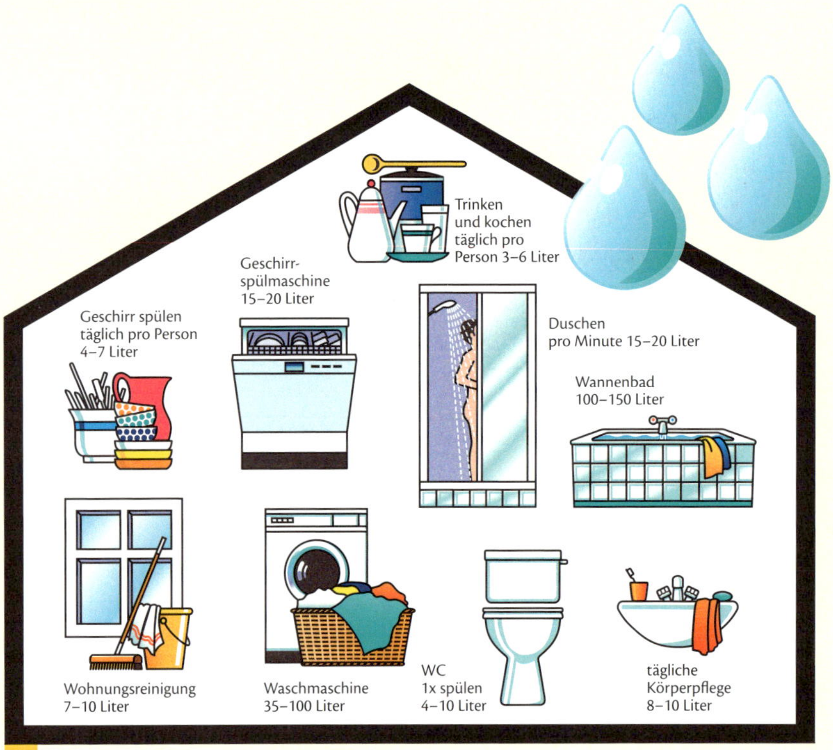

M 1 *Wasserverwendung im Haushalt in Deutschland*

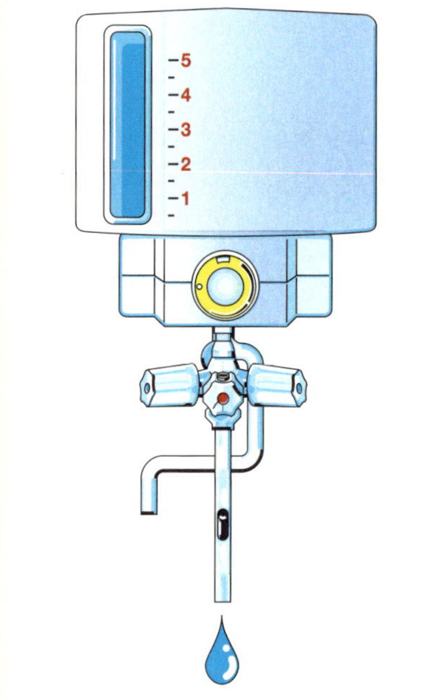

M 2 *Wasserverschwendung*

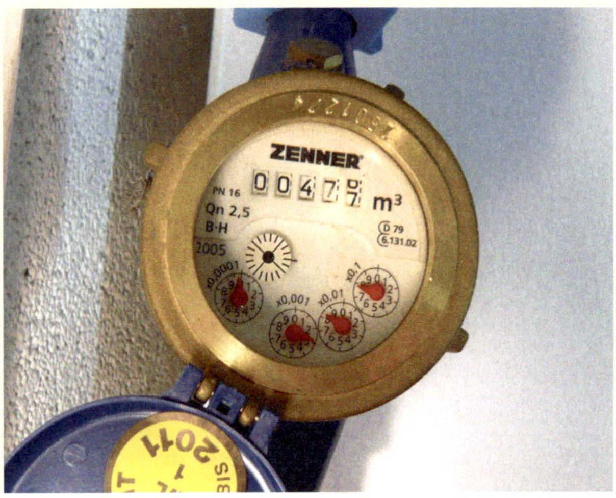

Ein Wasserzähler ist in erster Linie dazu da, dass die Wasserwerke mit dem Verbraucher abrechnen können. Aber auch der Verbraucher kann den Wasserzähler nutzen. Er kann zum Beispiel laufenden Spülkästen, tropfenden Wasserhähnen oder sogar einem versteckten Rohrbruch auf die Spur kommen. Zeigt der Wasserzähler nach etwa fünf Minuten einen Wasserverbrauch von drei Litern an, weißt du, dass irgendwo etwas tropft oder leckt. Dann lohnt es sich, das Haus genau zu kontrollieren. Denn auch wenn es nur drei Liter in fünf Minuten sind, so werden das schnell 36 Liter in der Stunde. Das sind über 300 Kubikmeter im Jahr.

M 3 *Wasseruhr*

- Stelle einen 10-Liter-Eimer bereit, möglichst mit einer Skala am Eimer.
- Fange das Duschwasser für etwa 15 Sekunden auf.
- Ermittle die Wassermenge, die in den Eimer gelaufen ist, zum Beispiel 4 Liter.
- Rechne die Wassermenge auf eine Minute hoch. Beispiel: 4 Liter in 15 Sekunden = 16 Liter pro Minute
- Rechne aus, wie viel Wasser jemand spart, der sich unter die Dusche stellt und nicht ein Vollbad in der Badewanne nimmt.

M 4 *Wasserverbrauch beim Duschen*

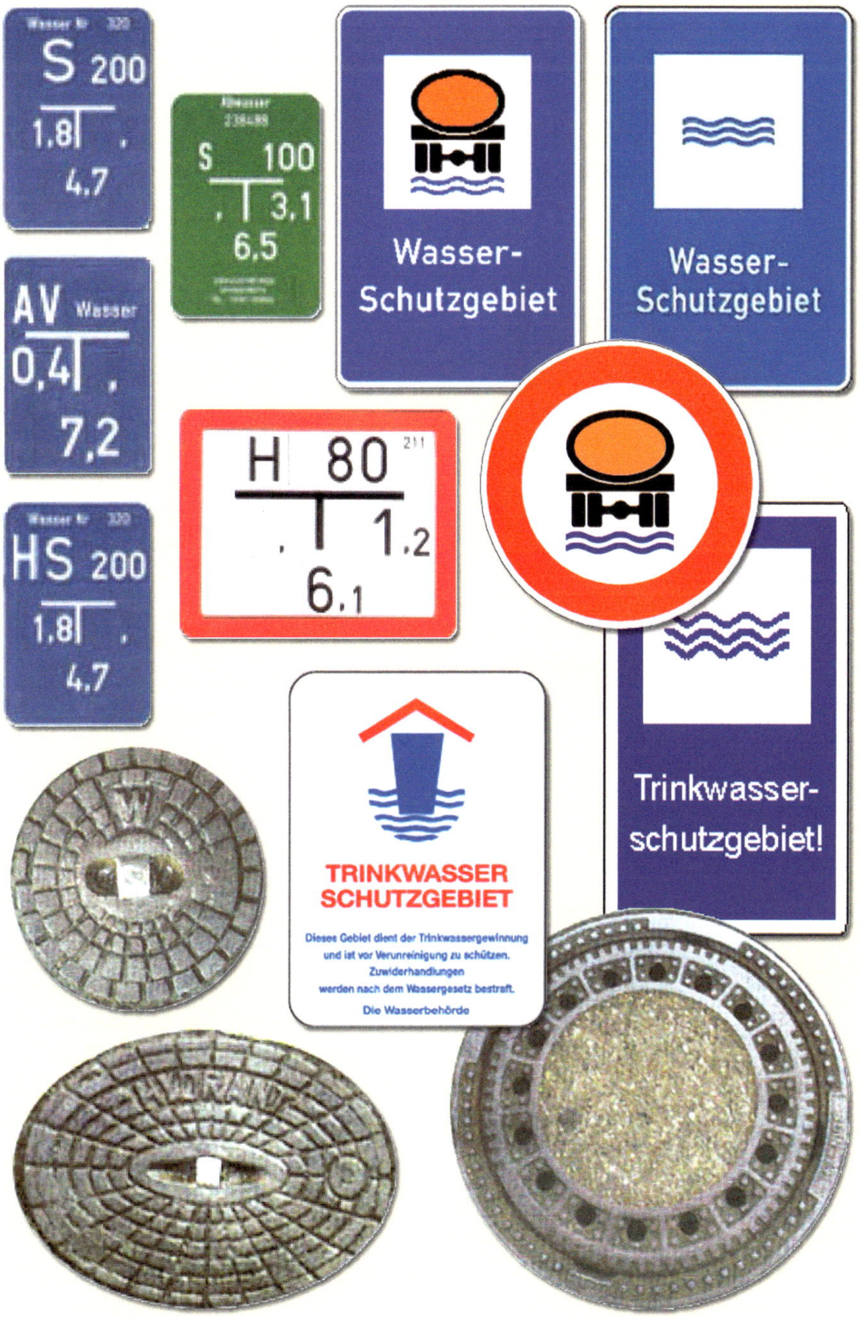

M 5 *„Wasserzeichen"*

Wasser sparen
- Im Haus
- Bei der Körperpflege
- Bei der Toilettenspülung
- Beim Wäschewaschen
- Beim Geschirrspülen
- Beim Blumengießen
- Beim Gartenbewässern

M 6 *Wie spart man am besten Wasser?*

Ihr könnt
- den Wasserverbrauch zu Hause und in der Schule an einer Wasseruhr beobachten und messen,
- den Versuch mit der Dusche durchführen,
- den eigenen Verbrauch mit dem eines Haushalts in Deutschland vergleichen,
- bei den Stadtwerken den Wasserpreis erfragen,
- euch über die Wasserzeichen informieren,
- einen Besuch bei einem Wasserwerk in eurer Nähe vorschlagen,
- Vorschläge unterbreiten, wie zu Hause am besten Wasser gespart werden kann.

Wohin mit dem Abwasser?

M 1 *Gewässerverunreinigung*

M 2 *Abwasserkanal unter einer Stadt*

check-it
- Notwendigkeit von Abwasserreinigung erläutern
- Vor- und Nachteile von Abwasser-Trennsystemen begründen
- Funktion einer Kläranlage erklären

Was ist Abwasser?

Abwasser ist Schmutzwasser. Es hat sich nach Gebrauch verändert. Abwässer stammen aus den Haushalten, der Landwirtschaft und der Industrie. Auch das Niederschlagswasser wird als Abwasser bezeichnet, wenn es von bebauten oder befestigten Flächen abfließt. Das meiste Abwasser entsteht bei der Rohstoffgewinnung und bei der Herstellung von Produkten.

Abwasser enthält viele Verunreinigungen. Das sind im Wasser gelöste und ungelöste Stoffe, aber auch Pflanzennährstoffe und Salze. Abwasser kann oft giftige Schadstoffe enthalten, die für die Gesundheit von Menschen und Tieren gefährlich sind.

Das Abwasser wird meist zusammen mit dem Regenwasser gesammelt und in die Kanalisation abgeleitet. Wo es keine Kanalisation gibt, müssen Flüsse und Seen oder die Küstengewässer das Abwasser aufnehmen. Besonders schwerwiegend ist es, wenn das Abwasser ins Grundwasser versickert.

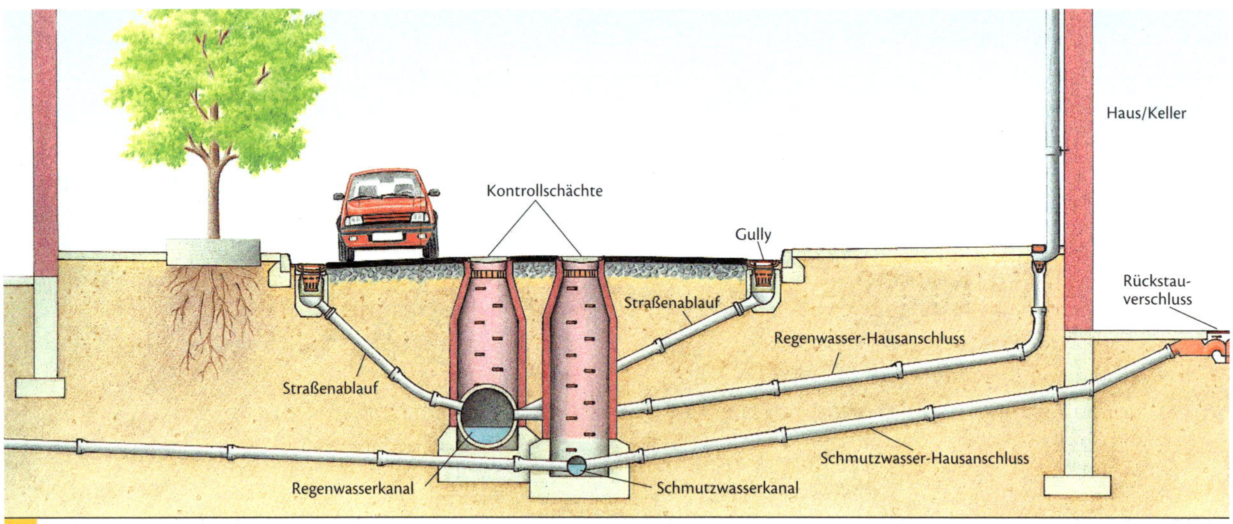

M 3 *Trennsystem für Abwasser und Regenwasser*

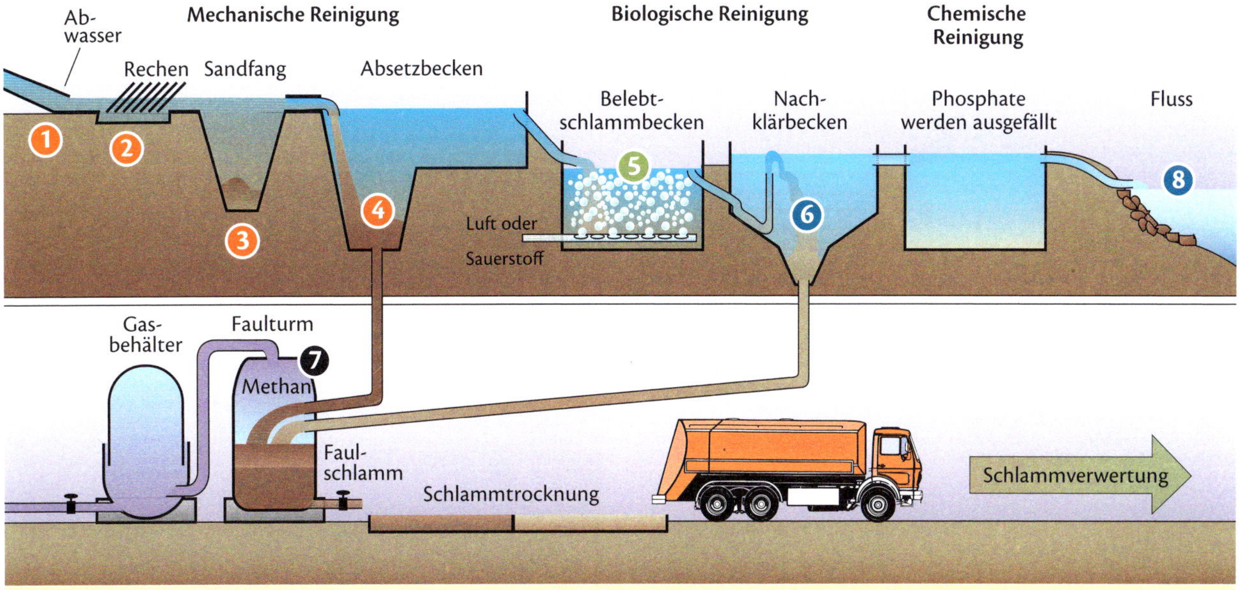

Mechanische Reinigung

1. Das Abwasser wird in eine Kläranlage geleitet.
2. Der Rechen hält grobe Abfälle wie Holz, Lumpen und Speisereste zurück.
3. Im Sandfang werden Sand und kleine Steine ausgesondert. Im Ölabscheider sammeln sich Öle und Fette an der Wasseroberfläche und werden entfernt.
4. Im Absetzbecken sinken auch kleine leichte Teilchen ab, da das Wasser hier zur Ruhe kommt.

Biologische Reinigung

5. Im Belüftungsbecken (Belebtschlammbecken) zersetzen Bakterien die Schmutzteilchen. Das tun sie umso besser und schneller, je mehr Sauerstoff im Wasser ist.

Chemische Reinigung

6. Im Nachklärbecken kommt das Wasser wieder zur Ruhe. Der Schlamm aus der biologischen Reinigung setzt sich ab. Phosphate werden entfernt. Phosphate stammen z. B. aus Waschmitteln. Sie sind eigentlich nicht giftig, aber sie sind Nährstoffe für Algen in den Gewässern.
7. Im Faulturm wird der Klärschlamm gelagert und verarbeitet. Dabei entsteht auch das Gas Methan.
8. Das Wasser kann nun in ein Gewässer geleitet werden.

M 4 *Arbeitsweise einer Kläranlage*

Die Gewässer müssen geschützt werden. Deshalb wird das Abwasser in Kläranlagen behandelt, damit möglichst viele Schadstoffe entfernt werden. Aber keine Kläranlage kann alle giftigen Stoffe entfernen. Jeder sollte deshalb darauf achten, das Wasser möglichst wenig zu verunreinigen.

1 Erläutere die Notwendigkeit, Abwasser aufzubereiten (**M 1, M 3, M 5**).

2 Beschreibe das Abwasser-Trennsystem und begründe, warum dieses System Vor- und Nachteile hat (**M 3**).

3 Erkläre, wie eine Kläranlage funktioniert (**M 2, M 4**).

4 Recherchiert im Internet, wie man die Abwasserbelastung verringern kann. Erarbeitet dazu eine kurze Präsentation.

M 5 *Wie jeder die Wasserverschmutzung vermeiden kann*

Wasser in der Landwirtschaft

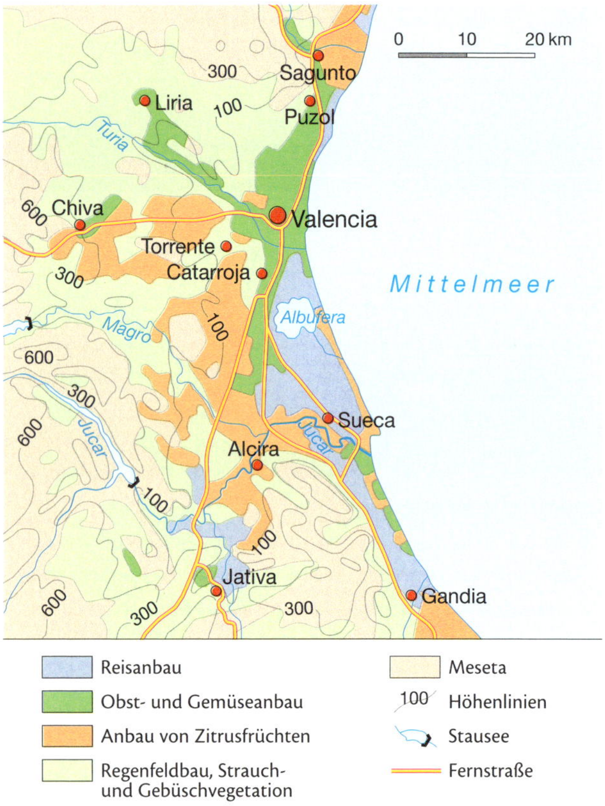

M 1 *Wasserverteilung, Vegetation und Anbau in einer Huerta*

M 2 *Bewässerte Gemüsefelder*

check-it
- Valencia und sein Umland lokalisieren
- Weg des Wassers von den Flüssen bis zu den Feldern beschreiben
- Merkmale einer Huerta benennen
- Arbeit eines Bauern in einer Huerta im Jahresverlauf beschreiben
- Bedeutung eines Wassergerichtes beurteilen

M 3 *Bewässerter Orangenhain*

In der Huerta von Valencia

Huerta ist ein spanisches Wort und heißt auf Deutsch Garten. In der Huerta von Valencia sind die Winter so mild, dass viele Pflanzen das ganze Jahr über wachsen können. Deshalb genügt den Bauern oft schon eine kleine Anbaufläche, um ein ausreichendes Einkommen zu erzielen. Manche Betriebsflächen sind nur einen Hektar groß.

Das Wasser für die Feldbewässerung wird zu einem großen Teil den Flüssen Turia und Jucar entnommen. Damit diese Flüsse auch im Sommer Wasser führen, hat man an ihrem Oberlauf und an ihren Nebenflüssen Staudämme gebaut. In den Stauseen sammelt sich das Wasser des Winterhalbjahres. Im Sommer, wenn kaum Niederschläge fallen, wird den Flüssen aus den Stauseen Wasser zugeführt.

Die Bewässerung eines Feldes erfolgt pro Tag nur für eine kurze Zeit – so lange, wie es für den Wasserbedarf der Pflanzen nötig ist. Außerdem gibt es noch Bewässerungsanlagen, die aus Brunnen gespeist werden. Damit möglichst wenig Wasser verloren geht, wird es oft über Plastikschläuche direkt bis an die einzelnen Pflanzen geleitet und portionsweise abgegeben.

Schon vor Jahrhunderten haben die Bauern von den Flüssen Kanäle in die Huerta gebaut und die Huerta mit

Welterbe Wassergericht

Seit 1000 Jahren der gleiche Vorgang: Vor den Toren der Kathedrale von Valencia treffen sich jeden Donnerstag um zwölf Uhr acht schwarz gekleidete Richter, das „Tribunal de las Aguas". Sie entscheiden noch heute über Unstimmigkeiten, die sich zwischen Grundbesitzern bei der Bewässerung ihrer Felder ergeben haben. Die mündlich gefällten Entscheidungen sind nicht anfechtbar. Damit verfügt Valencia über das älteste noch funktionierende Wassergericht; Grund genug für die UNESCO-Kommission, es zum „Immateriellen Weltkulturerbe" zu erklären.

Die Bewässerung der fruchtbaren Flächen ist auch in der Region Valencia nicht einfach angesichts des häufigen Wassermangels. Jede Gemeinde besitzt ein Netz von Kanälen mit Wasser des Flusses Turia zur Bewässerung der Äcker. In der Nutzung der Kanäle müssen sich die Bauern abwechseln. Kommt es dabei zu Streitigkeiten, können sie das Wassergericht anrufen.
Um 960 n. Chr. findet sich die erste Erwähnung des Tribunals. Die Araber hatten ihre ausgeklügelten Methoden zur Wassernutzung nach Spanien gebracht, dazu auch den Brauch des Wassergerichts.

Quelle: Dr. Heike Talkenberger, In: DAMALS 12-2009, Seite 7

M 4 *Das älteste Wassergericht der Welt in Valencia*

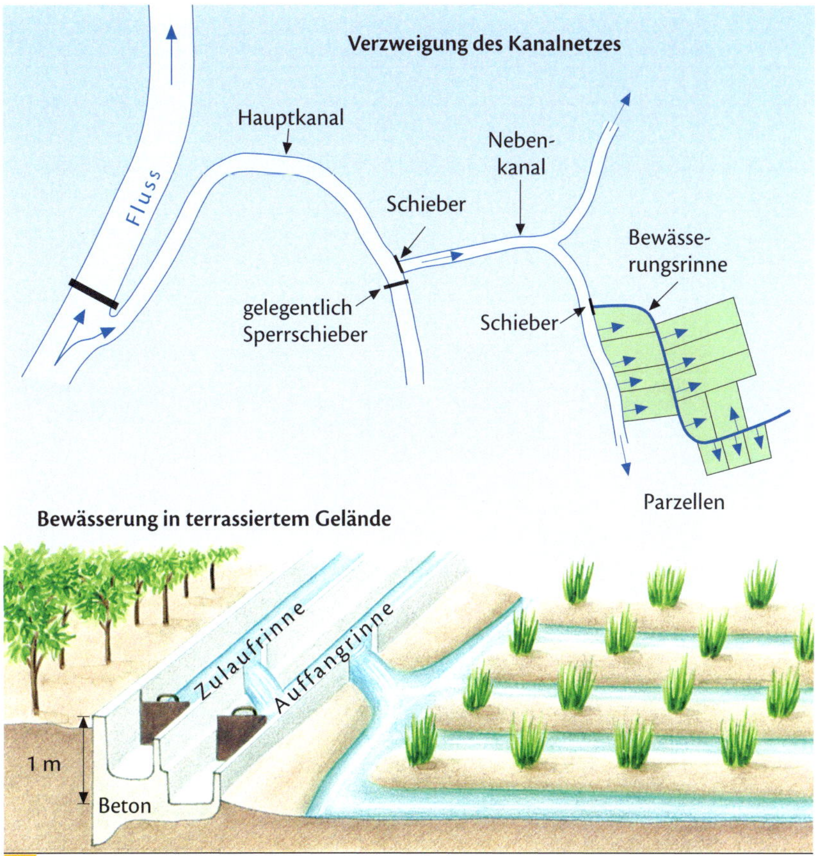

M 5 *Bewässerung der Huerta*

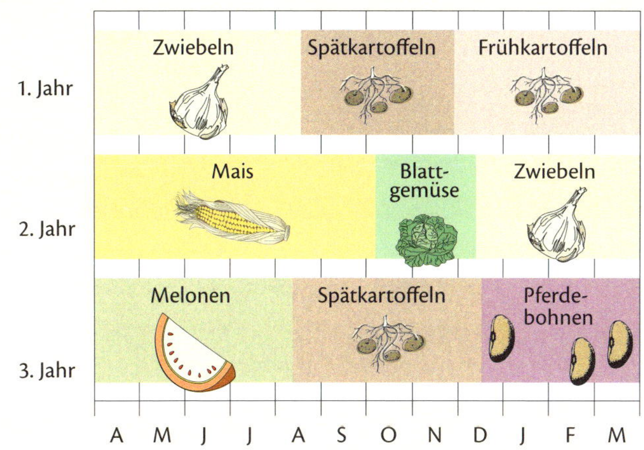

M 6 *Anbaukalender*

einem Netz von kleinen Kanälen überzogen. So konnten sie schon früher in den trockenen Sommermonaten mithilfe dieser Bewässerung Obst und Gemüse anbauen.

1 Beschreibe die geographische Lage von Valencia und seinem Umland (**M 1,** Atlas).

2 Bildet vier Huerta-Expertenteams. Bearbeitet in Gruppen folgende Aspekte:
- Merkmale der Huerta von Valencia,
- Gründe für die Bewässerung,
- Wege des Wassers auf die Felder,
- Anbauprodukte und Anbaukalender (**M 1** bis **M 6**).

Präsentiert eure Ergebnisse vor der Lerngruppe.

3 Diskutiert darüber, ob das Wassergericht von Valencia heute noch sinnvoll ist (**M 4**).

Oasen – grüne Inseln in der Wüste

M 1 *Eine Grundwasseroase*

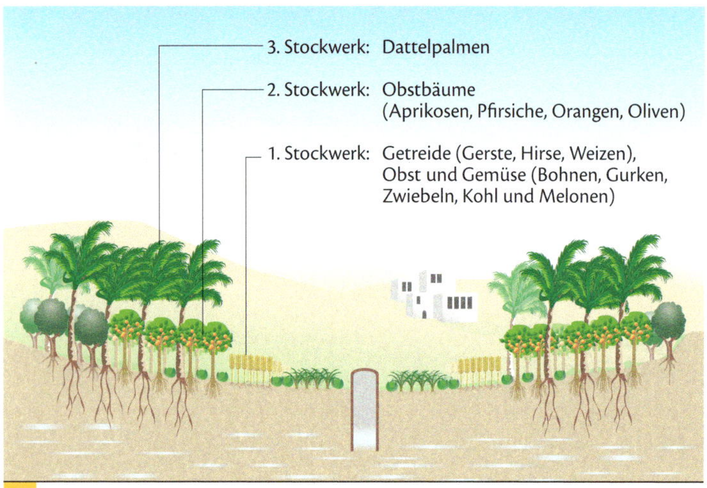

M 2 *Stockwerkbau einer Oase*

check-it
- Oasentypen und ihre Merkmale beschreiben
- Bedeutung von Wasser für Oasen und Wasserquellen erläutern
- einen Kurzvortrag gestalten
- Ursachen für veränderte Lebensbedingungen erörtern

Wasser in der Wüste

„Bahr bela ma", Meer ohne Wasser – so nennen die Araber die Sahara. Doch tausende Oasen liegen wie grüne Inseln inmitten des Wüstenmeeres. Überall dort, wo es Wasser gibt, können sich in der Wüste Menschen ansiedeln und Ackerbau betreiben. Auch Karawanen nutzten die Oasen als Anlaufstationen, um sich mit Wasser und Nahrung für ihren langen Weg durch die Wüste einzudecken.

Wie kommt das Wasser in die Wüste?

Die meisten Oasen sind **Grundwasseroasen**. Das Wasser der Niederschläge, die vor allem in den Gebirgen am Rand der Sahara fallen, versickert. Wenn es auf eine wasserundurchlässige Schicht trifft, wird es gestaut und fließt oft viele hundert Kilometer unterirdisch in die Sahara hinein. In den Oasen tritt das Wasser in Quellen an die Erdoberfläche oder es wird durch Brunnen gefördert.

Landwirtschaft in der Wüste

In kleinen Kanälen wird das Wasser zur Bewässerung in die Gärten, auf die Felder und in die Dattelpalmhaine geleitet. Die Gärten der traditionellen Oasen werden im **Stockwerkbau** bewirtschaftet, um den Boden und empfindliche Pflanzen vor der Sonne zu schützen. Die Oasenmärkte waren früher wichtige Handelsplätze in der Wüste. Hier versorgten sich die Nomaden mit den Ernteprodukten der Oasenbauern, während diese Kamele, Schafe, Ziegen, Salz und andere Waren von den **Nomaden** kauften.

Oasen im Wandel

Der technische Fortschritt ist auch an den Oasen der Sahara nicht spurlos vorübergegangen.

In der nördlichen Sahara wurden bei der Ölsuche große Wasservorräte entdeckt. Dies ermöglichte eine Intensivierung und Ausweitung der bewässerten Landwirtschaft. Durch die verbesserte Verkehrsanbindung gelangen viele neue Güter in die Oasenstädte. Die Bewohner sind nicht mehr auf Selbstversorgung und Tauschhandel angewiesen. Damit änderten sich die Ernährungsgewohnheiten. Datteln werden kaum noch zur Selbstversorgung, sondern meist für den Export nach Europa erzeugt. Seitdem es bessere Straßen gibt, kommen auch Touristen. Einige Oasenstädte sind stark gewachsen; die größten haben heute mehr als 100 000 Einwohner.

Andere Oasen, insbesondere im Süden der Sahara, verfallen zunehmend. Immer mehr junge Oasenbewohner haben außerhalb der Oasen eine besser bezahlte Beschäftigung gefunden. Die Oasengärten und -felder können nicht mehr bewirtschaftet werden. Ohne Pflege versanden die Oasen.

1 Beschreibe die typischen Merkmale einer Oase (**M 1**).
2 Berichte in einem Kurzvortrag, woher die Oasen das Wasser bekommen (**M 1** bis **M 3**).
3 Erläutere den Stockwerkbau traditioneller Oasengärten (**M 2**).
4 „Die Dattelpalme muss mit dem Fuß im Wasser und mit dem Kopf in den Flammen stehen“ (altes arabisches Sprichwort). Erläutere diese Aussage und erkläre, warum diese Pflanze für den Oasenbauern unentbehrlich ist (**M 4**).
5 Erörtere Ursachen für die veränderte Lebensweise in heutigen Oasen.

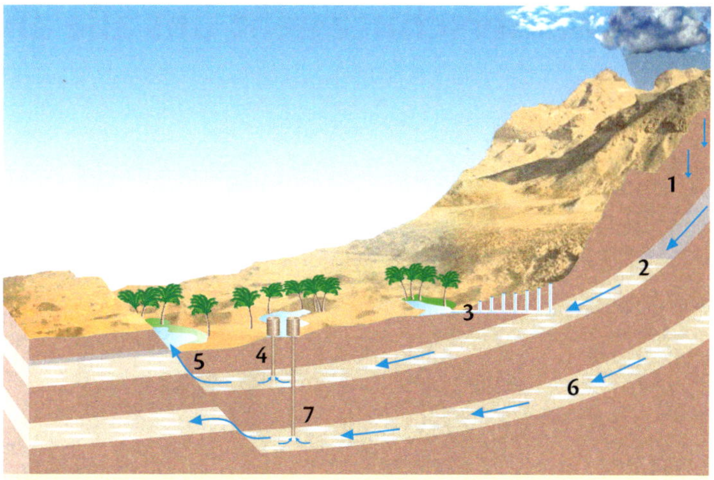

1 wasserundurchlässige Schicht
2 wasserführende Schicht
3 künstliche Kanäle
4 artesischer Brunnen
5 Quelle
6 fossiles Grundwasser
7 Tiefbrunnen

M 3 *Wasser für die Oasen*

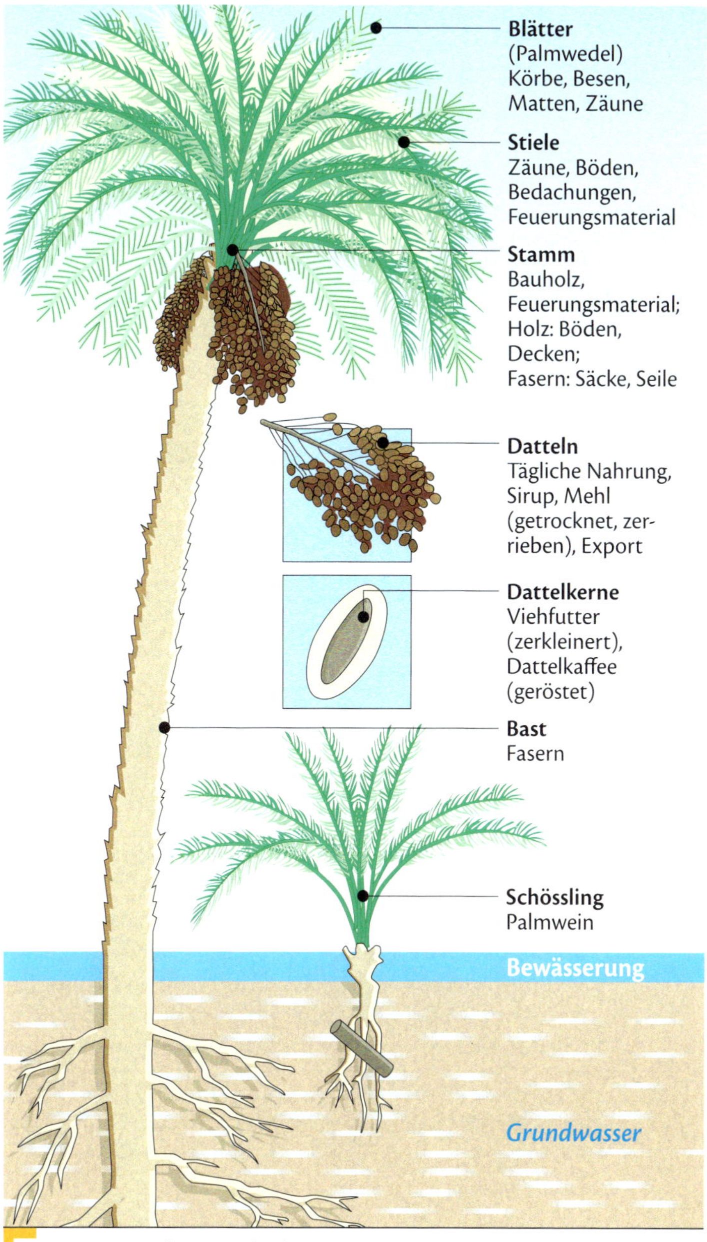

M 4 *Nutzung der Dattelpalme*

Trinkwasserschutz geht uns alle an

check-it
- Entstehung und Bedeutung von Grundwasservorkommen erläutern
- Trinkwasserschutzgebiete in Zonen gliedern
- Ursachen für die Gefährdung von Grundwasservorkommen erörtern
- Maßnahmen zum Trinkwasserschutz diskutieren
- thematische Karte auswerten

M 1 *Verbot und Wegweiser für Fahrzeuge mit wassergefährdender Ladung*

Grundwasser

Beim Versickern von Regen oder Wasser aus Seen und Flüssen durchdringt das Wasser Sand und Kies. Wasserundurchlässige Schichten stauen das Wasser. Als Grundwasser sammelt es sich im Untergrund. Pflanzen decken ihren Wasserbedarf zum Teil aus dem Grundwasser. Auch für die Trinkwasserversorgung der Menschen ist Grundwasser wichtig.

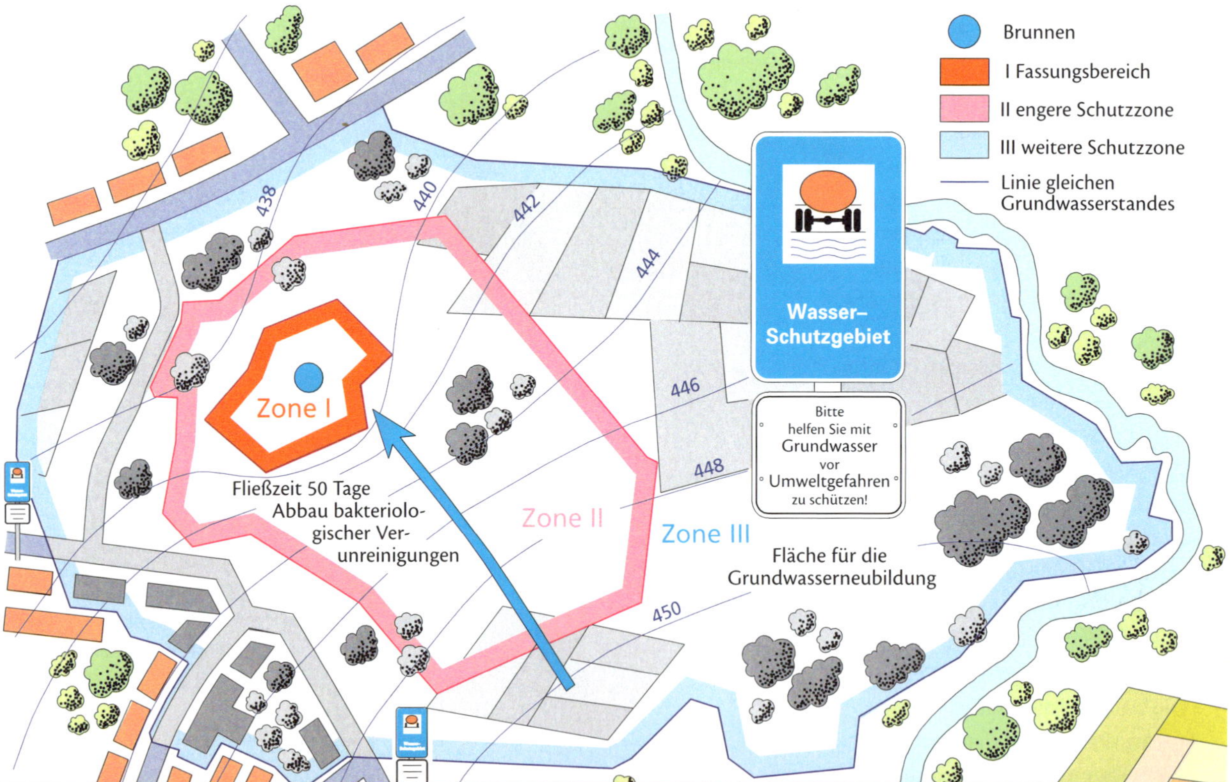

	Zone I Fassungsbereich	**Zone II** Engere Schutzzone	**Zone III** Weitere Schutzzone
Ziele	Schutz der unmittelbaren Umgebung der Fassungsanlage vor Verunreinigungen und sonstigen Beeinträchtigungen, keine Nutzung erlaubt	Schutz vor Verunreinigungen und sonstigen Beeinträchtigungen, die wegen ihrer Nähe zur Fassungsanlage besonders gefährdend sind, insbesondere Verunreinigungen durch Bakterien und Viren	Schutz vor weitreichenden Beeinträchtigungen, insbesondere vor nicht oder schwer abbaubaren chemischen und radioaktiven Verunreinigungen
Lage und Größe	Mindestens 10 m allseits um Brunnen, bei Quellen 10 m in Richtung des ankommenden Grundwassers	Grenze der Zone I bis zu einer Linie, von der das Grundwasser 50 Tage bis zum Eintreffen in der Fassungsanlage benötigt	Außengrenze der Zone II bis zur Grenze des Einzugsgebiets

M 2 *Einteilung der Trinkwasserschutzgebiete in verschiedene Zonen*

Trinkwasserschutzgebiete

Für unsere Trinkwasserversorgung brauchen wir Grundwasser. Die Grundwasservorkommen müssen aber geschützt werden. Deshalb gibt es Trinkwasserschutzgebiete. Dort dürfen zum Beispiel keine Lkw mit Heizöl fahren. In Zone II darf auch nicht gebaut werden. Außerdem sind keine Campingplätze, Sportanlagen oder Kleingärten erlaubt. Denn das Grundwasser hat ein Gedächtnis, so sagt man. Manchmal kann es Jahre dauern, bis Verunreinigungen wieder an die Oberfläche kommen.

1 Erläutere, wie Grundwasservorkommen entstehen und welche Bedeutung sie haben.
2 Beschreibe, wie ein Trinkwasserschutzgebiet gegliedert ist (**M 2**).
3 Nenne Ursachen, wie das Grundwasser durch menschliches Handeln gefährdet wird (**M 3** bis **M 5**).
4 Nimm Stellung zu der Aussage „Grundwasser hat ein Gedächtnis".
5 Diskutiert, wie unser Trinkwasser am besten geschützt werden kann.

M 3 *Gefährlich für das Grundwasser: übermäßiger Einsatz von Pflanzenschutzmitteln*

M 4 *Gefahr für das Grundwasser: Unfälle mit wassergefährdenden Stoffen*

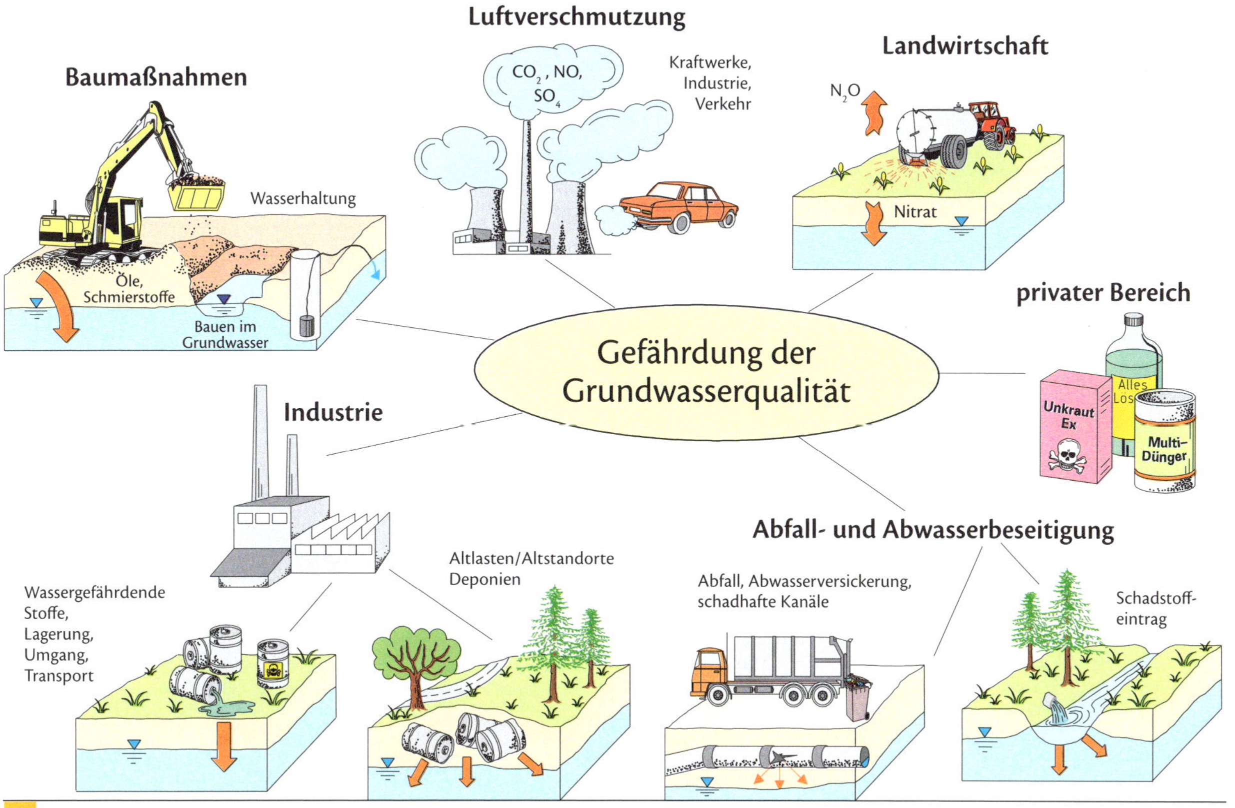

M 5 *Unser Grundwasser: vielen Gefährdungen ausgesetzt*

Trinkwasser für Düsseldorf

check-it
- Trinkwasservorkommen Düsseldorfs verorten
- Trinkwassergewinnung in Düsseldorf beschreiben
- mögliche Schwierigkeiten bei der Wassergewinnung erkennen

Aus dem Bericht der Stadtwerke

Die drei Wasserwerke „Flehe", „Am Staad" und „Holthausen" versorgen täglich über 600 000 Menschen in Düsseldorf, Erkrath und Mettmann mit frischem Trinkwasser. Täglich sind das durchschnittlich 140 Millionen Liter Trinkwasser. Das entspricht etwa 700 000 Badewannen mit je 200 Litern.

M 1 *Woher kommt unser Trinkwasser?*

Wassergewinnung

In der Nähe der Wasserwerke liegen Brunnen. Sie fördern entlang des Rheinufers Rohwasser. Dieses Wasser hat noch keine Trinkwasserqualität. Es muss noch aufbereitet werden. Rohwasser besteht zu einem kleineren Anteil aus Grundwasser und zu einem größeren Anteil aus dem „Uferfiltrat". Dieses Wasser versickert am Boden in der Mitte der Rheinsohle und fließt langsam in Richtung der Brunnen. Auf seinem mehrwöchigen Weg durch bis zu 30 Meter dicke Sand- und Kiesschichten wird es gereinigt.

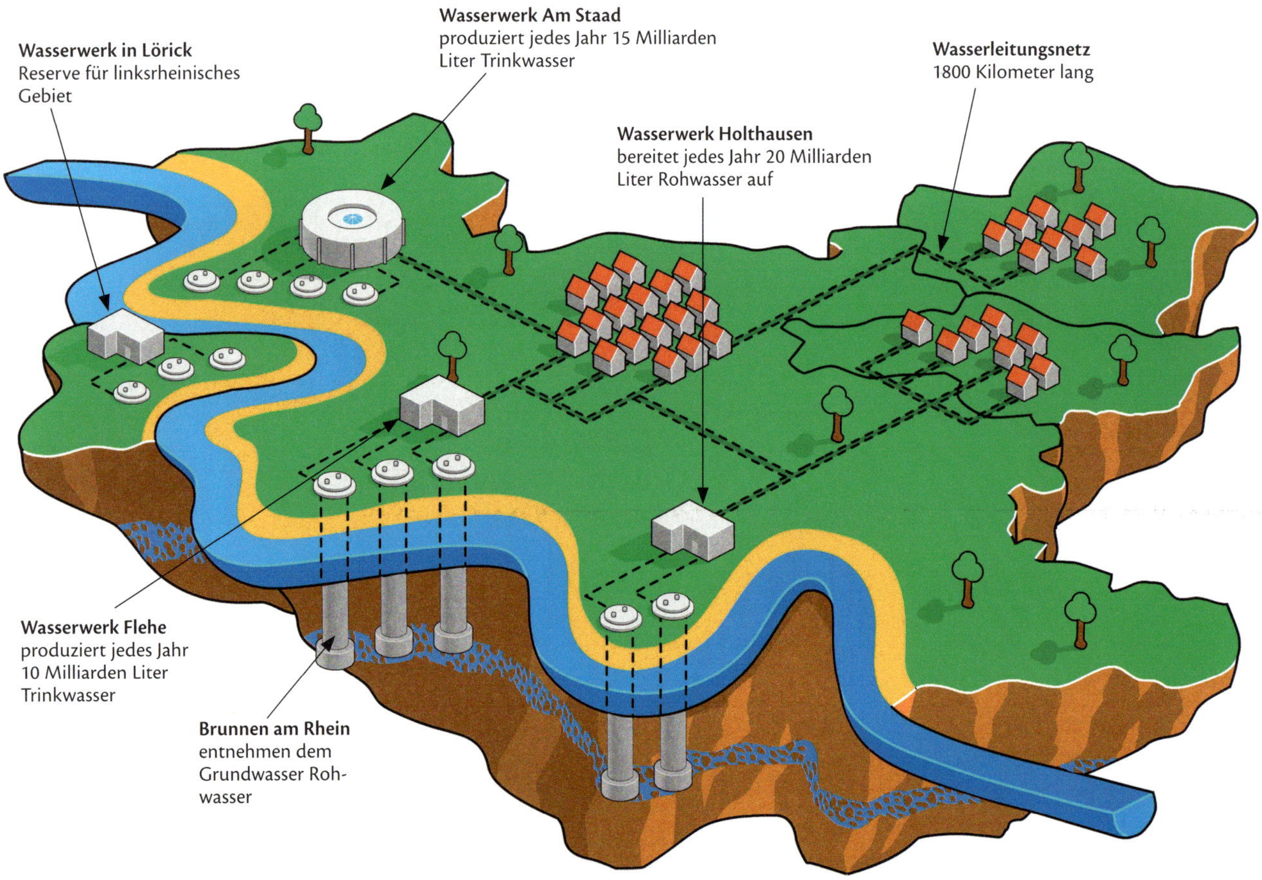

M 2 *Trinkwasserversorgung von Düsseldorf*

Die Kies- und Sandschichten wirken als Filter, der Schmutz- und Trübstoffe zurückhält. Zusätzlich reinigen winzige Lebewesen, die im Boden leben, das Wasser auf natürliche Weise. So setzen sich die Bodenschichten nicht mit Schadstoffen zu.
Die Pumpen in den Brunnenreihen reichen bis in 30 Meter Tiefe. Sie senken den unterirdischen Wasserspiegel ab. Dadurch fließt das Wasser auf die Brunnen zu. In den Brunnen vermischen sich Grundwasser und Uferfiltrat. Durch Rohre mit schlitzförmigen Löchern wird das Wasser angesaugt. Pumpen befördern es ins Wasserwerk. Dort werden unerwünschte Bestandteile wie zum Beispiel Geruchs- und Geschmacksstoffe entfernt.
(Quelle: Stadtwerke Düsseldorf, verändert)

1 Erläutere, warum das Uferfiltrat für die Trinkwassergewinnung wichtig ist (**M 1**).
2 Beschreibe den Weg des Rohwassers (**M 1**, **M 2**, **M 5**).
3 Erläutere die Bedeutung der Brunnen (**M 3**, **M 4**).
4 Schildere Anlage und Verlauf des Leitungsnetzes (**M 2**, **M 4**).

Zusatzaufgabe:
5 Stelle mögliche Schwierigkeiten für die Trinkwasserversorgung zusammen.

M 3 *Brunnen am Rheinufer*

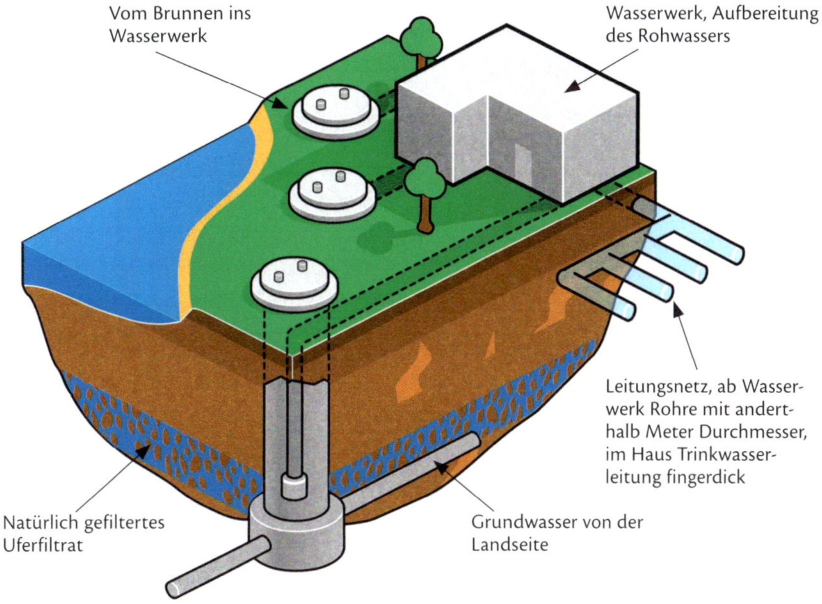

M 4 *Das Brunnensystem*

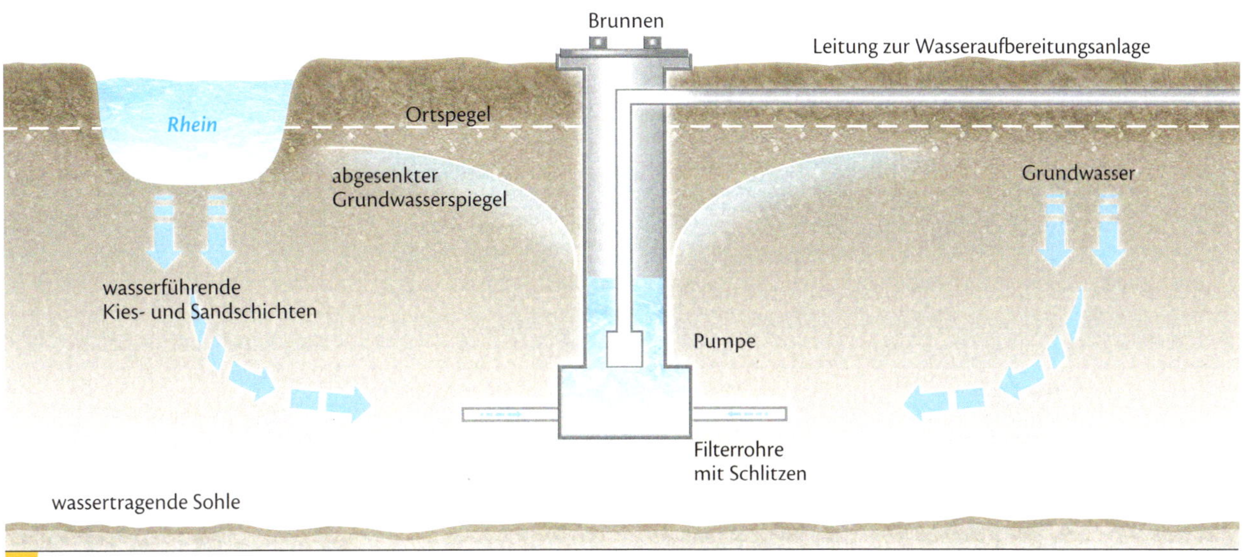

M 5 *Wassergewinnung*

Wasser auf Vorrat

M 1 *Staumauer der Bleilochtalsperre*

check-it
- die zehn größten Stauseen in Deutschland lokalisieren
- Bau von Talsperren begründen
- wirtschaftliche Nutzung von Stauseen beschreiben
- verschiedene Formen der Wasserspeicherung erläutern
- Vor- und Nachteile von Wasserstauanlagen gegeneinander abwägen
- im Internet Zusatzinformationen zu Talsperren finden

Stauwerke

Deutschland ist ein wasserreiches Land. Schon seit langer Zeit werden Bäche, Flüsse und Seen aufgestaut. Aber trotzdem müssen wir mit dem Rohstoff umsichtig umgehen. In der Vergangenheit wurden viele Wälder gerodet und Moore trockengelegt. Häuser und Straßen nehmen große Flächen ein. In der Fachsprache heißt es, der Boden wurde versiegelt. Deshalb läuft das Regenwasser viel zu schnell ab und es kommt zu Überschwemmungen. **Regenrückhaltebecken** fangen größere Wassermengen nach starken Regenfällen auf. Sie leiten das Wasser in ein Gewässer oder nach einiger Zeit in die Kanalisation.

Ein **natürlicher Trinkwasserspeicher** ist der Bodensee. In 60 Meter Tiefe wird ihm das Wasser entnommen. Rohrleitungen mit einem Durchmesser von über zwei Meter versorgen unter anderem Stuttgart.

Stauseen, man spricht auch von **Talsperren,** sind künstlich aufgestaute Gewässer in einem Tal. Eine hohe Staumauer aus Beton oder ein Erddamm riegelt das Speicherbecken ab. Solche **Talsperren** sind riesige Vorratsspeicher. Sie bieten auch einen guten Hochwasserschutz. Manche Talsperren erfüllen noch eine andere Aufgabe: Turbinen am Fuß der Staumauer erzeugen elektrischen Strom aus der Wasserkraft.

Talsperren lassen sich am besten dort bauen, wo der Untergrund aus festem und undurchlässigem Gestein besteht. In der Schwäbischen Alb mit dem Kalkuntergrund oder im Nordschwarzwald mit Sandsteingebieten fehlen deshalb Talsperren.

Für Trinkwassertalsperren eignen sich waldreiche Gebiete besonders gut. Dort darf das Wasser aber nicht verunreinigt werden. Folglich ist das Baden und Zelten verboten, und auch Schiffsverkehr ist nicht erlaubt.

Staustufen liegen meistens an den Mittel- und Unterläufen der Flüsse. Die Sperrmauern sind auch nicht so hoch wie bei den Talsperren. Hauptaufgabe der Staustufen ist es, die Geschwindigkeit der Flüsse abzubremsen und den Grundwasserspiegel im Umland zu heben. An der Mosel, dem Neckar und der Donau dienen die Staustufen auch der Schifffahrt. Zudem kann in Wasserkraftwerken elektrischer Strom erzeugt werden.

Bei kleineren Flüssen und Bächen beeinträchtigen die Staustufen jedoch viele Tierarten. Diese können nicht zu ihren Laichplätzen wandern. Denn häufig fällt das Wasser hinter der Staukante senkrecht ab. Rampen oder Fischtreppen sollen dann Abhilfe schaffen.

Speicheranlagen werden benötigt, da der Wasserverbrauch bei uns sehr stark schwankt. An einem heißen Sommertag verbrauchen wir mehr Wasser als an einem Wintertag. Die Stadtwerke, die uns mit Wasser versorgen, haben deshalb Speicheranlagen, mit denen sie

Talsperre	Land	Stauraum (Mio. m^3)	Nutzung
Bleiloch	Thüringen	215,0	H, E, N, Er
Rurtalsperre	Nordrhein-Westfalen	202,6	T, I, N, H, E
Edersee	Hessen	199,3	N, H, E, Z
Hohenwarte	Thüringen	182,0	H, E, N, Er
Bigge	Nordrhein-Westfalen	171,8	H, E
Forggensee	Bayern	165,0	E, H, Er
Großer Brombachsee	Bayern	145,0	N, H, Er
Möhne	Nordrhein-Westfalen	134,5	N, H, E, Er
Rappbode	Sachsen-Anhalt	109,1	T, H, E
Schluchsee	Baden-Württemberg	108,0	E, Er

Stauraum: 1 m^3 = 1000 Liter, 1 Mio. m^3 = 1 Milliarde Liter
Nutzung: E = Energiegewinnung, Er = Erholung, H = Hochwasserschutz, I = Industriewasser, N = Niedrigwassererhöhung, T = Trinkwasser, Z = Zuschusswasser für Schifffahrt

M 2 *Talsperren in Deutschland: die Top Ten*

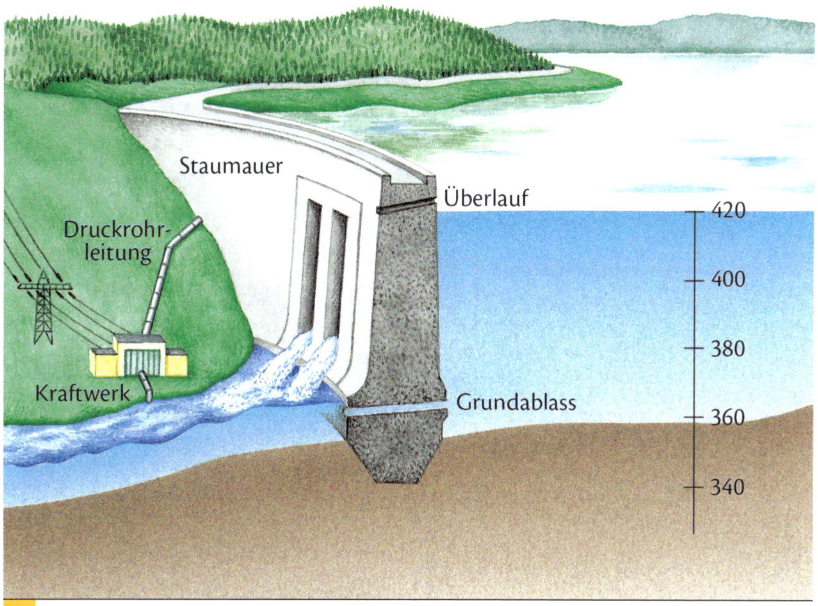

M 3 *Schnitt durch eine Staumauer*

M 5 *Wasserturm in Leverkusen*

die Schwankungen ausgleichen können. Im flachen Gelände dienen **Wassertürme** als Vorratsspeicher. Eine andere Möglichkeit sind **Erdbehälter,** die auf einer Anhöhe liegen. Von dort fließt das Wasser dank des Gefälles ohne Pumpen zu den Verbrauchern. Mittlerweile werden immer mehr Wassertürme abgebaut. **Speicherbecken im Boden** ersetzen sie. Pumpen befördern dann das Wasser zu den Verbrauchern.

1 Finde im Atlas die zehn größten deutschen Talsperren (**M 2**).
2 Begründe die Notwendigkeit, Talsperren zu bauen (**M 1**, **M 2**).
3 Beschreibe die verschiedenen Möglichkeiten, Wasser zu speichern.
4 Erläutere den Aufbau und die Aufgaben eines Wasserturmes (**M 5**, **M 6**).
5 Erkläre die Wirkungsweise von Staustufen (**M 4**).
6 Bildet zwei Gruppen. Diskutiert die Vor- und Nachteile von Wasserstauanlagen.
7 Finde im Internet weitere Informationen zu Talsperren in Deutschland.

M 4 *Staustufe am Veybach*

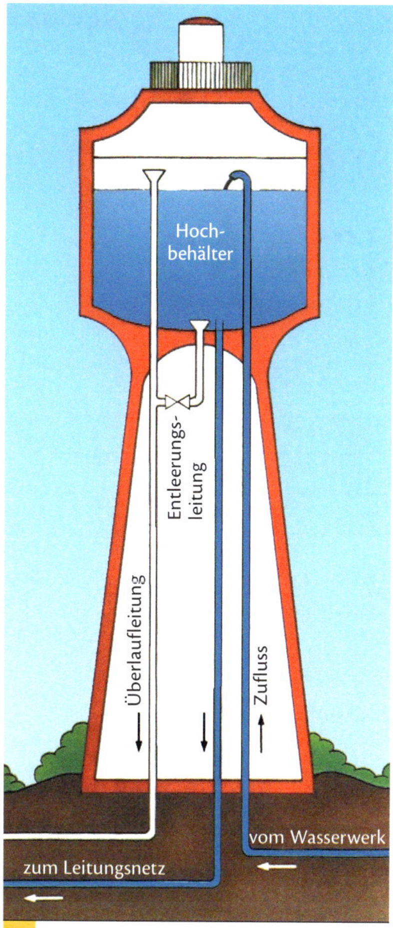

M 6 *Schnitt durch einen Wasserturm*

Experimente mit Wasser

M 1 *Woher kommt das Wasser?*

- Erhitze Wasser in einem Kessel. Nach einiger Zeit kocht es. In einigem Abstand bildet sich eine weiße Wolke.
- Halte einen kühlen Teller oder eine Glasscheibe zwischen die Kesselöffnung und die Wolke.

Was beobachtest du?

M 2 *Wasserkreislauf im Glas*

- Fülle in ein großes Glas eine Schicht kleiner Steine, dann Sand und Gartenerde.
- Setze nun eine Pflanze ein, zum Beispiel eine Blume aus dem Garten oder einen Löwenzahn von der Wiese.
- Gieße gut und schraube das Glas mit dem Deckel zu.
- Du kannst auch eine durchsichtige Folie über das Glas ziehen.
- Stelle das Glas in die Sonne auf das Fensterbrett.

Beobachte, was nach einiger Zeit passiert.

M 3 *Wasser steht Kopf*

- Fülle ein Glas bis oben mit Wasser.
- Lege jetzt eine stabile, glatte Pappe auf das Glas.
- Presse die Pappe auf den Rand des Glases.
- Drehe das gefüllte Glas vorsichtig um.
- Lasse nun die Pappe los.

Was passiert?

- Fülle eine Plastikflasche (keine Glasflasche!) bis zum Rand voll mit Wasser.
- Drehe den Verschluss fest zu.
- Stelle die volle Flasche über Nacht in die Gefriertruhe.

Was beobachtest du am nächsten Morgen?

M 4 *Auch gefrorenes Wasser hat Kraft*

M 5 *Die Oberflächenspannung des Wassers*

- Fülle ein Glas bis zum Rand mit Wasser.
- Lege eine Büroklammer auf ein Stück Löschpapier.
- Lege beides mit einer Pinzette vorsichtig auf die Wasseroberfläche.
- Warte, bis sich das Löschpapier vollsaugt.

Was passiert mit dem Löschpapier und der Büroklammer?

- Lege Filterpapier, zum Beispiel einen Kaffeefilter, in einen Trichter.
- Fülle feinen, gewaschenen Sand in den Trichter.
- Fülle ein Gefäß mit schmutzigem Wasser. Nimm dazu Gartenerde und rühre sie in Leitungswasser auf.
- Gieße das schmutzige Wasser in den Filter.

Beobachte, was passiert.

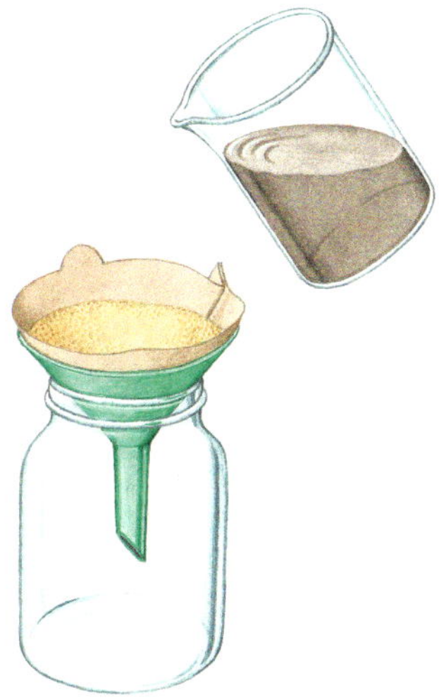

M 6 *Wie Wasser gereinigt werden kann*

M 7 *Wasser steigt auf*

- Fülle ein Glas mit klarem Leitungswasser.
- Gieße blaue oder rote Tinte in das Wasserglas, bis das Wasser richtig farbig aussieht.
- Schneide weiße Blumen zurecht. Das können Gänseblümchen, Margeriten oder Gerbera sein.
- Stelle die Blumen mit dem Stiel in das gefärbte Wasser.

Beobachte, was sich an den Blumen verändert.

Weltwassertag

M 1 *Logo für den Weltwassertag*

M 2 *Kind an einem Brunnen*

M 3 *Frauen bei der Feldarbeit*

check-it

- Auswirkungen von Wassermangel und Wasserknappheit erläutern
- Wasserverbrauch für Produkte kennen
- Notwendigkeit für einen Weltwassertag begründen
- Bilder und Karikatur auswerten
- einen Wassertag mit der Klasse gestalten

Genügend Wasser, aber ungleich auf der Erde verteilt

Seit 1993 findet jedes Jahr am 22. März der Weltwassertag statt. Er soll daran erinnern, dass jeder Mensch Anspruch auf sauberes Trinkwasser, eine Toilette in erreichbarer Nähe und die Möglichkeit zum Händewaschen mit Seife hat. Für uns ist das selbstverständlich.

Aber beinahe 900 Millionen Menschen leben in Gebieten ohne ausreichend Wasser. Manchmal müssen sie stundenlang zu einer Wasserstelle laufen und finden Wasser nur in Pfützen, Sandlöchern oder Viehtränken. Besonders schlimm ist der Wassermangel in vielen Entwicklungsländern. Die Menschen haben dort oft nur drei Liter am Tag zur Verfügung. Das muss für Trinken, Kochen, Körperpflege und die Feldbewässerung reichen. So ist es auch kein Wunder, dass in Gebieten mit Wassermangel drei Viertel aller Krankheiten auf verschmutztes Trinkwasser zurückgehen. In den großen Industrieländern, also auch bei uns, verbrauchen wir etwa 700 Liter Wasser pro Tag und Person für die Industrie und die Landwirtschaft. Dabei handelt es sich um „Brauchwasser" aus Flüssen und Seen, nicht um Grundwasser aus der Erde.

Fachleute sagen bis zum Jahr 2050 eine große Wasserknappheit voraus. 60 Länder auf der Erde könnten davon betroffen sein. Die Landwirtschaft ist der größte Wasserverbraucher. Ein weiterer Grund ist, dass es immer mehr Menschen auf der Erde gibt, die Wasser für sich benötigen. Aber diese müssen ernährt werden und so benötigt die Landwirtschaft auch immer mehr Wasser.

M 4 *Wasserverbrauch für die Erzeugung von …*

1 Erläutere die Auswirkungen von Wasserknappheit und Wassermangel.
2 Stelle mithilfe der Bilder einen Zusammenhang zwischen Wasserbedarf und Wassermangel her (**M 2, M 3**).
3 Stelle fest, wie viel Wasser für die Herstellung von Nahrungsmitteln benötigt wird (**M 4**).
4 Werte die Karikatur aus (**M 5**). Welche Aussage verbirgt sich dahinter?
5 Begründe, warum es Weltwassertage gibt (**M 1**).
6 Plant einen Wassertag für Deutschland. Orientiert euch an dem kleinen Wasserlexikon.

M 5 *Wassermangel*

Abwasser Verunreinigtes Brauchwasser aus Haushalt und Industrie, das im Klärwerk wieder aufbereitet wird.
Grundwasser Im Erdreich zusammengelaufenes Wasser, dass durch versickerndes Wasser aus Niederschlag und Flusswasser gespeist wird. Es ist der wichtigste Trinkwasserspeicher.
Leitungswasser Durch eine Leitung in die Häuser und Wohnungen geführtes Wasser. Es wird vorher durch ein Wasserwerk zu Trinkwasser aufbereitet. Leitungswasser, welches nicht zu Trinkwasser aufbereitet ist, muss mit einem Schild „Kein Trinkwasser" kenntlich gemacht werden.
Mineralwasser Durch Mineralstoffe angereichertes Wasservorkommen. Das Wasser enthält gesunde Mineralstoffe, die beim Versickern durch die Erd- und Gesteinsschichten aufgenommen wurden.
Quellwasser stammt aus unterirdischen Wasservorkommen und wird aus natürlich oder künstlich erschlossenen Quellen gewonnen. Es muss am Quellort abgefüllt werden.
Regenwasser Aufgefangenes Wasser aus Niederschlägen. Die Qualität des Regenwassers ist abhängig von der Aufnahme von Verunreinigungen aus der Luft und dem Ort des Auftreffens.
Süßwasser Wasser mit einem sehr geringeren Salzgehalt heißt Süßwasser, obwohl es selbstverständlich keinen Zucker enthält. Im Gegensatz zum Salzwasser, das in den Ozeanen und Meeren vorkommt, ist das Vorkommen von Süßwasser sehr gering. Die größten Süßwasservorkommen der Erde befinden sich gefroren in den Gletschern der Polarregionen. Süßwasser stehen auch in Seen, Flüssen oder im Grundwasser zur Verfügung. Nur Süßwasser kann zur Wasserversorgung herangezogen werden.

M 6 *Kleines Wasserlexikon*

Geo-Check: Wasser und seine Nutzung erläutern

Sich orientieren

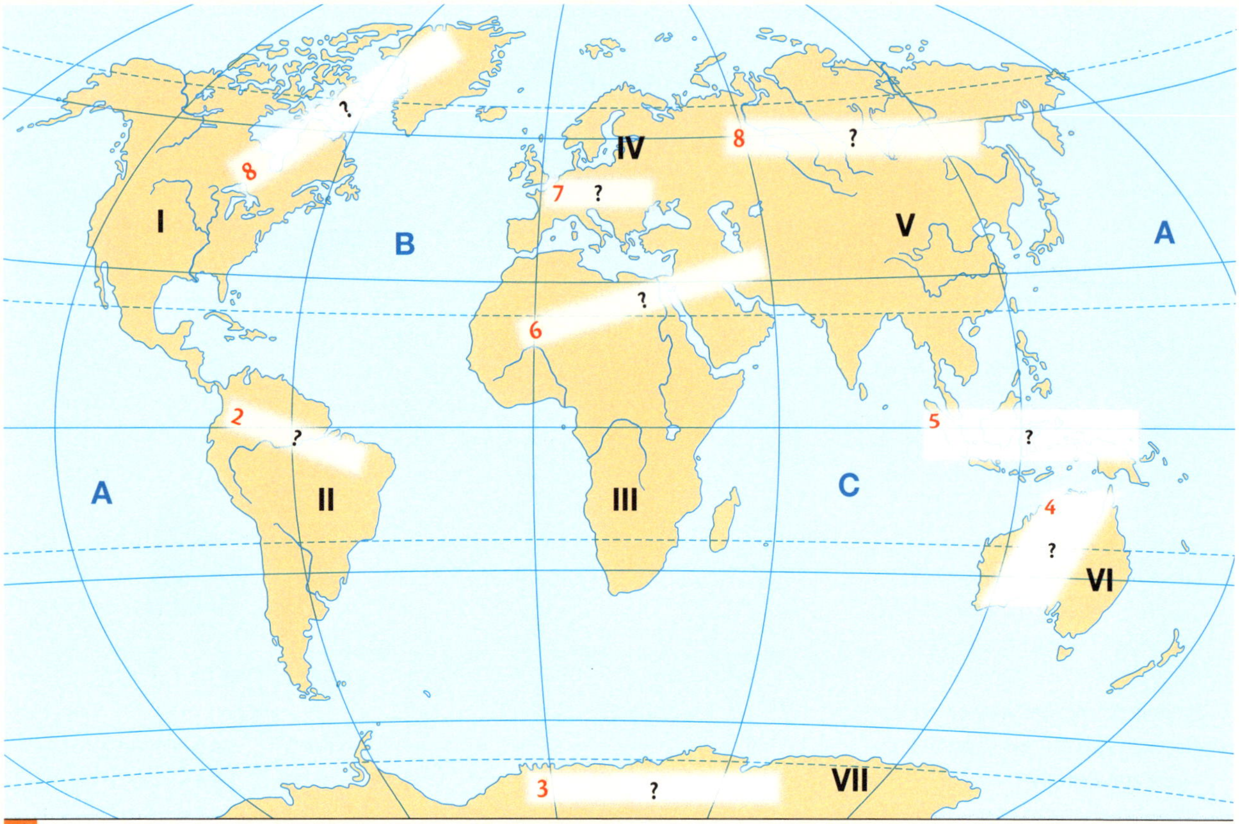

M 1 *Stumme Weltkarte*

1 Ordne den in der Karte eingezeichneten Gebieten die Begriffe „Wassermangelgebiet" und „Wasserüberschussgebiet" zu. Begründe deine Entscheidung.

2 Lege eine Tabelle an, in der du die Kontinente und Ozeane, die in der Karte beschriftet sind, benennst. Erkläre den Zusammenhang zwischen Kontinenten, Ozeanen, Salzwasser und Süßwasser.

Sich verständigen, beurteilen, handeln

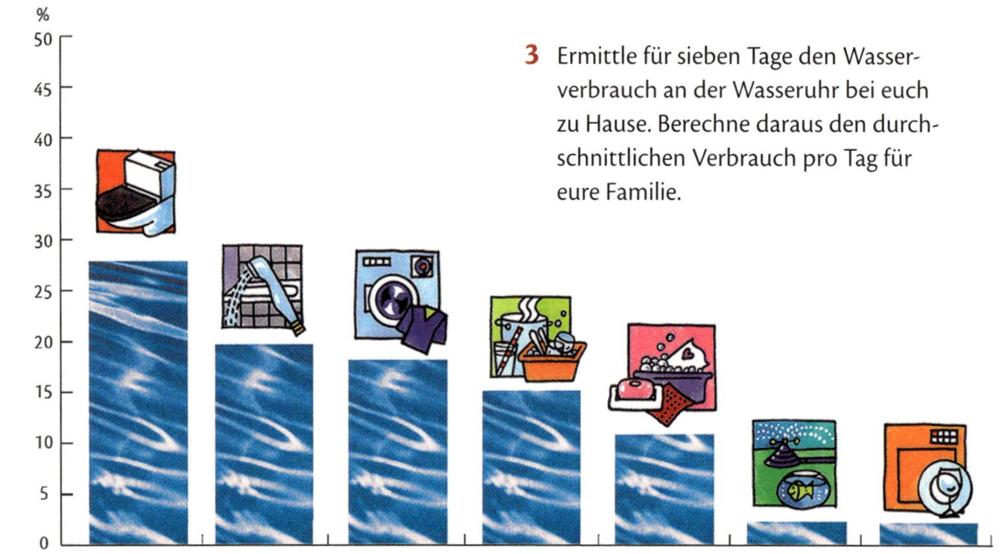

3 Ermittle für sieben Tage den Wasserverbrauch an der Wasseruhr bei euch zu Hause. Berechne daraus den durchschnittlichen Verbrauch pro Tag für eure Familie.

M 2 *Wasserverbrauch*

Wissen und verstehen

4 Ordne jedem der folgenden Begriffe mindestens zwei Merkmale zu.

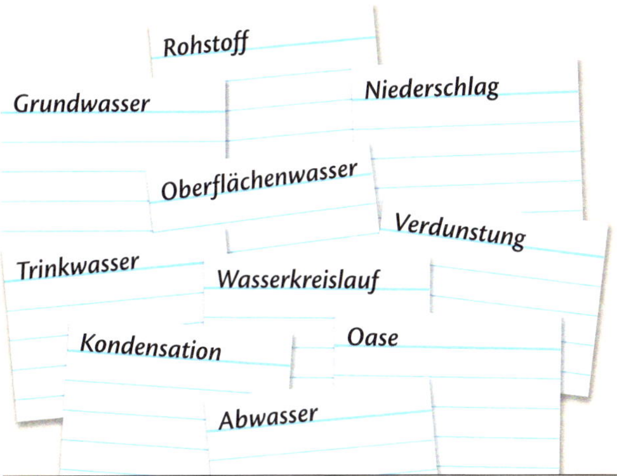

M3 *Geo-Begriffestapel*

6 Angelt die Wortteile aus dem Brunnen. Bildet Begriffe, die mit dem Thema Wasser zu tun haben, und schreibt diese auf. Beachtet, dass Wortteile auch mehrfach verwendet werden können.

M4 *In den Brunnen gefallen und geangelt!*

5 Sortiere die Aussagen in richtige und falsche Aussagen. Verbessere die falschen Aussagen und schreibe diese richtig auf.

Richtig oder falsch?

- Gewitterwolken, Regenwolken und Schneewolken sind die wichtigsten Wolkenarten.
- Die Wassermenge im Wasserkreislauf bleibt stets gleich.
- Die Wasservorräte der Erde bestehen zum größten Teil aus Süßwasser.
- Durch Mangel an Trinkwasser und Wasser für die Bewässerung entstehen vor allem in den Trockenräumen der Erde Wasserkonflikte.
- Schnee und Hagel sind Niederschläge in flüssiger Form.
- Trinkwasser wird in Deutschland vor allen Dingen aus Grundwasser gewonnen.
- Die Landwirtschaft ist der größte Verbraucher von Wasser.
- Trinkwasser sparen kann jeder, wenn er weniger trinkt.
- Abwasser enthält Verunreinigungen, die in Kläranlagen beseitigt werden.
- Durch die Bewässerung der Huertas in Spanien können bis zu drei Ernten im Jahr erzielt werden.
- Weltweit gibt es ausreichend Trinkwasser, deshalb kann mit Wasser großzügig umgegangen werden.
- In einem Oasengarten werden die Flächen durch den Stockwerksbau intensiv genutzt.

7 Zeichnet in euer Heft die folgende Mindmap und ordnet die notierten Begriffe aus Aufgabe 6 den Begriffen „Trinkwassergewinnung", „Abwasserbeseitigung", „Wasserkreislauf" und „Wasserkonflikte" zu.

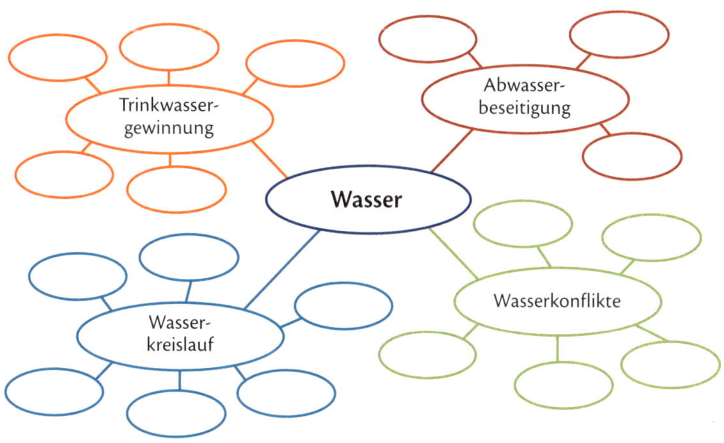

Lexikon

Abwasser: gebrauchtes verunreinigtes Wasser, z. B. aus Haushalten oder der Industrie. Durch die Kanalisation gelangt es in die → *Kläranlage.*

Bewässerung: Die zur Bodennutzung jahreszeitlich oder ganzjährig fehlende Niederschlagsmenge wird durch Bewässerung aus Brunnen-, Fluss-, Kanal- oder gespeichertem Regenwasser zugeführt.

Dattelpalme: wichtige Pflanze in → Oasen. Die Früchte dienen der Ernährung, die Palmblätter, -stiele, -stamm und der Bast (Rinde) werden als Rohstoffe für das Handwerk und den Hausbau verwendet.

Grundwasser: Ansammlung von Wasser in tiefen Bodenschichten. Es entsteht durch Versickern der → *Niederschläge,* und dem Versickern aus Seen und Flüssen.

Kläranlage: Anlage zur Reinigung von → *Abwässern.* Das gereinigte Wasser gelangt dann wieder in den natürlichen → *Wasserkreislauf.*

Kondensation: Übergang des Wassers von seinem gasförmigen Zustand (Wasserdampf) in den flüssigen (Wasser). Kondensation erfolgt, wenn Luft abkühlt.

Luftfeuchtigkeit: der Wasserdampfgehalt der Luft.

Nebel: kondensierter, d. h. in kleinsten Tröpfchen flüssig gewordener und damit sichtbar schwebender Wasserdampf in der bodennahen Luftschicht.

Niederschlag: alle aus der Atmosphäre zur Erdoberfläche fallenden oder sich dort erst bildenden Formen des Wassers. Von den fallenden Niederschlägen wie Regen, Schnee und Graupel werden die abgesetzten Niederschläge wie Tau und Reif, die sich unmittelbar an der Erdoberfläche ausbilden, unterschieden.

Nomade: Wanderhirte, der mit seiner Herde von Naturweide zu Naturweide zieht, da für eine Dauernutzung infolge der Trockenheit die Futtergrundlage nicht ausreicht. Bei Halbnomaden bewohnt ein Teil des Stammes Dauersiedlungen und betreibt etwas Ackerbau.

Oase: Gebiet in einer Wüste oder an ihrem Rand, in dem durch Wasserverfügbarkeit Pflanzenwachstum möglich ist.

Ozean (griech.: *okeanos* = Weltmeer): Durch die Lage der Kontinente wird die Wassermasse der Erde in drei Ozeane geteilt, den Pazifischen, den Atlantischen und den Indischen Ozean. Zu den Ozeanen gehören die Nebenmeere, die von den Ozeanen durch Inseln oder Halbinseln abgetrennt sind.

Regenrückhaltebecken: Becken, dass Niederschlagswasser durch Starkregen zurückhält, damit es nicht sofort in die Fließgewässer gelangt und dort zu Hochwasser führt.

Rohstoff: natürlich vorkommender Stoff. Rohstoffe sind z.B. Kohle, Erdöl, Erze, Holz, Schwefel, Salz, Kautschuk, Steine und Erden, aber auch Luft und Wasser.

Steigungsregen: → Niederschläge, die fallen, wenn sich feuchte Luftmassen an einem Berg oder Gebirge stauen, daran aufsteigen, sich abkühlen, kondensieren und abregnen.

Stockwerkbau: Beschreibung der Vegetationshöhen. Im tropischen Regenwald bestehen diese aus fünf Stockwerken: Strauch- und Krautschicht, untere, mittlere und obere Baumschicht, Urwaldriesen. Eine traditionelle → *Oase* weist drei Stockwerke auf: auf dem Boden (Getreide-, Obst- und Gemüseanbau), das mittlere Stockwerk aus Obstbäumen und das oberste Stockwerk aus → *Dattelpalmen.*

Talsperre: Staumauer oder Staudamm, die bzw. der einen Wasserlauf in einem Tal zum See aufstaut; geeignet für Hochwasserschutz, zur Wasserversorgung und Energieerzeugung, sowie als Erholungsgebiet.

Trinkwasser: Trinkwasser ist das wichtigste Lebensmittel. Es wird als Rohwasser aus dem Grund- und Quellwasser, Seen, Flüssen und Talsperren entnommen und zu Trinkwasser aufbereitet.

Verdunstung: der Übergang des Wassers vom flüssigen Zustand in den gasförmigen. Dieser Vorgang wird hauptsächlich durch Erwärmung ausgelöst.

Wasserkreislauf: die Zirkulation des Wassers in fester, flüssiger und gasförmiger Form. Durch die Sonnenstrahlung wird Wasser an der Erdoberfläche erwärmt und verdunstet. Gasförmig steigt es in die Atmosphäre auf. Winde verteilen den Wasserdampf über die Erde. Durch Abkühlung wird er wieder flüssig und gelangt als → *Niederschlag* wieder in Flüsse, Seen, Meere und ins → *Grundwasser.*

Wetter: das Zusammenwirken von Temperatur, Luftdruck, Wind, Bewölkung und → *Niederschlag* zu einem bestimmten Zeitpunkt.

Wolke: sichtbare, in der Luft schwebende sehr kleine Wassertröpfchen (oder Eiskristalle). Mit der Abkühlung der Luft setzt Wolkenbildung ein.

Wasserhaushalt: In Zahlen wird der → Wasserkreislauf für die Erde oder deren Teilgebiete ermittelt. Die Berechnungsgrößen sind → *Niederschlag,* Abfluss und → *Verdunstung.*

Sachregister

A

Abwasser 12, 27
Anbaukalender 15

B

Bewässerung 14
Biologische Reinigung 13
Brauchwasser 26
Brunnensystem 21

C

Chemische Reinigung 13

D

Dattelpalme 17

E

Erdbehälter 23

G

Grundwasser 6, 18, 27
Grundwasseroase 16

H

Huerta 14

K

Kläranlage 13
Kondensation 4

L

Leitungswasser 27

M

Mechanische Reinigung 13
Meerwasserentsalzung 9
Mineralwasser 27

N

natürlicher Trinkwasserspeicher 22
Niederschlag 4
Nomade 16

O

Oase 16
Oberflächenwasser 6

Q

Quellwasser 27

R

Regenrückhaltebecken 22
Regenwasser 27
Rohstoff 8

S

Speicheranlage 22
Speicherbecken im Boden 23
Staumauer 22
Stausee 22
Staustufe 22
Stauwerk 22
Stockwerkbau 16
Süßwasser 27

T

Talsperre 22
Trinkwasser 8
Trinkwassergewinnung 8
Trinkwasserschutz 18
Trinkwasserschutzgebiet 19
Trinkwassertalsperre 22

V

Verdunstung 4

W

Wassergewinnung 20
Wasserkreislauf 4
Wasserlexikon 27
Wassernutzung 7
Wasserturm 23
Wasserverteilung 6
Weltwassertag 26
Wolke 4
Wolkenart 5

Bildquellen

AIRlebnistrip Torsten Gutzeit, Jena: 22 M1;
© anatom5 gmbh (goo.gl/EkF5n): 20 M2, 21 M4;
Berliner Wasserbetriebe/Foto: Joachim Donath: 12 M2;
Bodensee-Wasserversorgung: 2/3;
Cornelsen Verlagsarchiv: 5 M3 (Abb. 1 – 4);
Das Luftbild-Archiv, Wennigsen: U2, Klappe außen (Wh. 8 M2);
DEW21 Unternehmenskommunikation, Dortmund: 8 M1;
F1Online: 16 M1 (Prisma);
Fotolia.com: U2, Klappe außen (Wh. 5 M4 Abb. 1 (Dmitry Naumov), 5 M3 Abb. Mitte (Sebastian Duda), 5 M4 Abb. 3 (Lyamin Stanislav), 5 M4 Abb. 4 (yanikap), 20 M1 links (Eisenhans);
Grohe Deutschland Vertriebs GmbH, Porta Westfalica: U2, Klappe außen (Wh. 10 M4);
© HAMBURG WASSER: 10 M1,
Kreisverwaltung Ahrweiler/Naturschutzprojekt Obere Ahr-Hocheifel: 23 M4;
Landeswasserversorgung Stuttgart: 18 M2, 19 M5;
Mauritius Images/Otto: 12 M1,
Burkhard Mohr, Königswinter: 27 M5;
© neue bahnstadt opladen GmbH, Leverkusen: 23 M5
picture-alliance: 19 M3 (Arco Images GmbH), 26 M3 (africamediaonline),
Daniel Pilar, Hannover: 26 M2,
Bernd Schirok, Zossen: 10 M3,
Schweizerischer Verein des Gas- und Wasserfaches (SVGW): 28 M2;
Shutterstock/© PavelSvoboda: Titelfoto,
Stadtwerke Düsseldorf 2012: 21 M3, 21 M5, ;
Stadtwerke Karlsruhe: 19 M4;
Ulrich Theißen, Dortmund: 14 M2, 14 M3;
Vereinigung Deutscher Gewässerschutz e. V. (VDG), Bonn: 11 M5, 18 M1,
Vereinigung Deutscher Gewässerschutz e. V. (VDG), Bonn (aus: Naturstoff Wasser): 23 M6
© http://www.unwater.org/worldwaterday/campaign.html: 26 M1,
YourPhotoToday/a1PIX: 5 M4 Abb. 2;

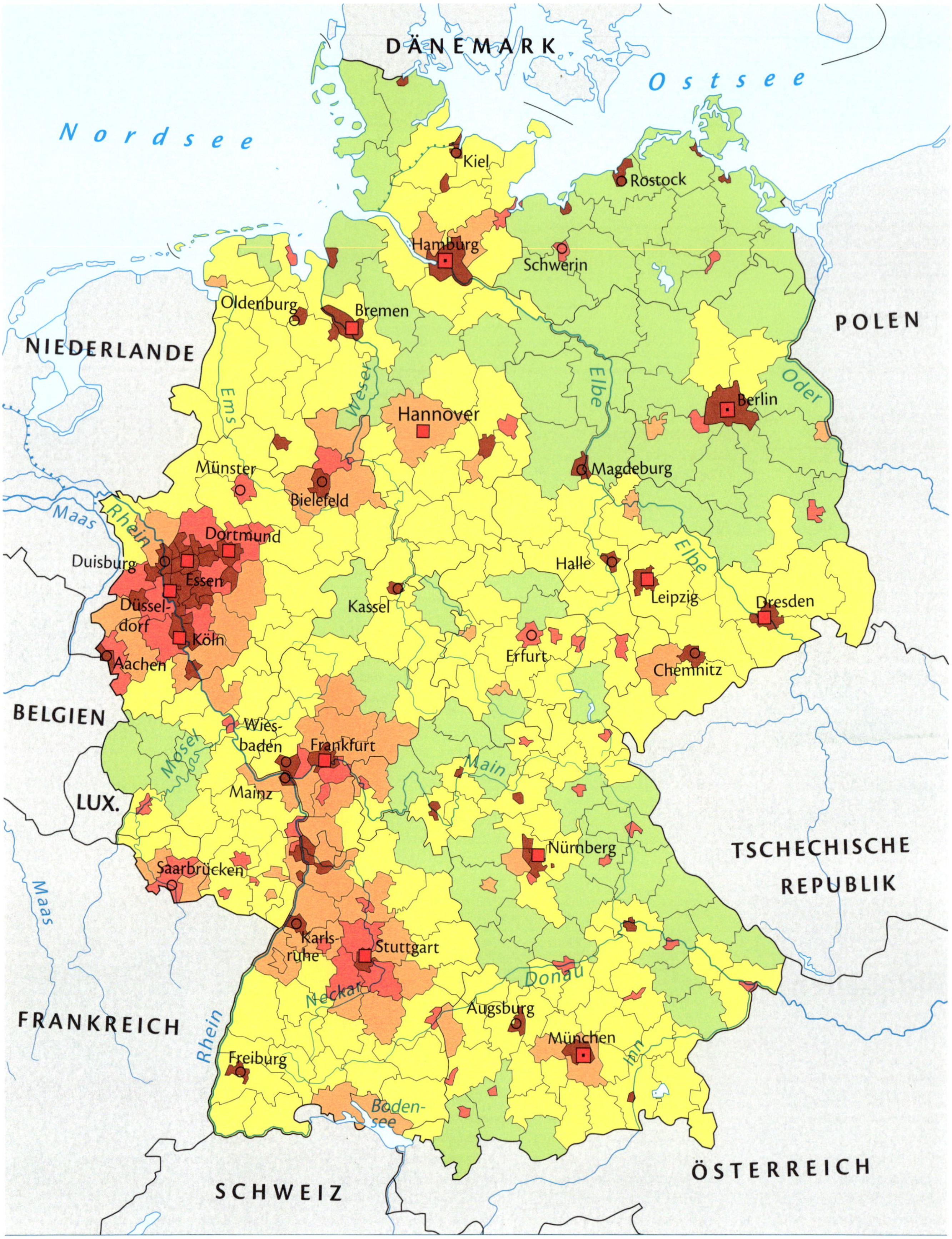

Bevölkerungsdichte

- über 1000 Einwohner auf 1 km²
- 500 – 1000 Einwohner auf 1 km²
- 250 – 500 Einwohner auf 1 km²
- 100 – 250 Einwohner auf 1 km²
- unter 100 Einwohner auf 1 km²

Städte

- über 1 000 000 Einwohner
- 500 000 – 1 000 000 Einwohner
- unter 500 000 Einwohner
- Staatsgrenze
- Landesgrenze
- Grenze eines Stadt- oder Landkreises